_____ 드림

홈베이킹으로 구운 맛있는 과자 레시피 49

구움
과자

홈베이킹으로 구운
맛있는 과자 레시피 49

구움
과자

초판 1쇄 발행 2018년 8월 23일
초판 9쇄 발행 2024년 9월 30일

지은이 브리첼 서귀영

발행인 장상진
발행처 (주)경향비피
등록번호 제2012-000228호
등록일자 2012년 7월 2일

주소 서울시 영등포구 양평동 2가 37-1번지 동아프라임밸리 507-508호
전화 1644-5613 | **팩스** 02) 304-5613

ISBN 978-89-6952-269-6 13590

홈베이킹으로 구운 맛있는 과자 레시피 49

구움
과자

브리첼 서귀영 지음

POUND CAKE

MUFFIN

COOKIE

CANNELÉ

SCONE

TRAY BAKE

MADELEINE

FINANCIER

DACQUOISE

PETITS GÂTEAUX

 경향BP

17년 전 우연히 제과제빵 학원 동아리에서 처음으로 케이크를 만들고 장식해보았는데, 그 시간이 얼마나 재미있었던지 시간가는 줄 몰랐어요. 그것이 계기가 되어 케이크 장식을 전문으로 배우는 '윌튼 스쿨'을 수료하게 되었고, 제과를 제대로 배워보고 싶어서 르꼬르동 블루 숙명 아카데미에 입학하여 제과 디플롬까지 수료했습니다.

저도 처음부터 베이킹을 잘한 것은 아니에요. 많은 실수와 실패를 거쳤고 지금은 다양한 베이킹으로 나만의 레시피를 만들 수 있을 정도의 노하우를 쌓을 수 있었습니다.

베이킹은 처음에는 쉽지 않지만 만들다 보면 '아, 이 부분에서 잘못했구나.' 하고 알게 되고 차츰 실수가 줄면서 실력이 쌓일 거예요. 그리고 언젠가는 저처럼 자신만의 레시피도 개발할 수 있을 거예요.

블로그를 통해서 여러 사람과 소통하며 알게 된 레시피를 공유하는 즐거움이 지금까지 제가 베이킹을 할 수 있게 해준 원동력이었어요. 지금은 사진과 글만이 아닌 유튜브 영상으로 베이킹 과정을 공유하려고 노력하고 있습니다.

저의 첫 베이킹 책『브리첼의 홈베이킹』은 초보 베이커의 입장에서 생각하고 썼습니다. 그 마음이 통했는지 큰 사랑을 받았어요. 그래서 이번 구움과자 책도 초보 베이커의 입장에서 생각하고 썼습니다. 공정이 많거나 까다로울 경우 구움과자가 아무리 맛있어도 만들어볼 엄두가 나지 않습니다. 이런 단점을 숙지해야 할 기초 상식과 상세한 틀 몇 가지로 보완해 49가지 레시피를 다 만들어볼 수 있도록 신경 썼습니다. 쉽게 따라 할 수 있는 공정에 구워낸 제품의 맛도 좋은 구움과자 레시피입니다.

꾸준히 사랑받는 파운드케이크와 머핀, 선물용으로 인기 있는 아메리칸 쿠키와 그 외 쿠키, 대표적 프랑스 구움과자인 까늘레와 마들렌, 피낭시에, 포근하면서 부드러운 다쿠아즈 그리고 티푸드로 제격인 프티가토, 투박한 매력의 트레이 베이크, 한 끼 식사로 손색이 없는 스콘 등 총 49가지 맛있는 구움과자를 만나볼 수 있습니다.

부디 이 책이 베이킹을 사랑하는 모든 이에게 소중한 선물이 되었으면 하는 바람입니다.

브리첼 서귀영

CONTENTS

PART 1

파운드케이크&머핀

PART 2

쿠키

까늘레

스콘 & 트레이 베이크

스콘

트레이 베이크

마들렌 & 피낭시에

마들렌

피낭시에

다쿠아즈 & 프티가토

다쿠아즈

프티가토

TOOLS

구움과자 도구

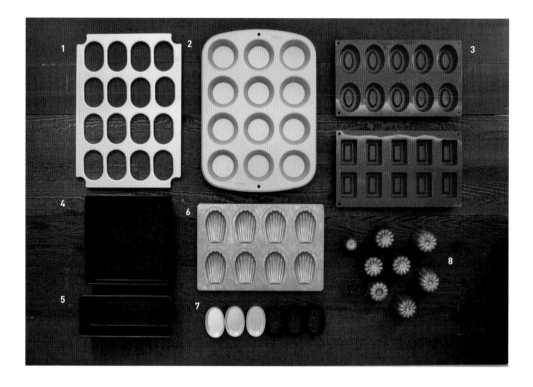

1 다쿠아즈틀

프랑스 과자 다쿠아즈를 굽는 틀이다. 밑판이 없기 때문에 오븐팬 위에 테프론시트를 깔고 다쿠아즈틀을 올려 반죽을 짠 후 틀을 제거한다.

2 머핀틀

머핀을 한 번에 12개까지 구울 수 있는 틀이다. 작은 사이즈의 파이, 타르트 등을 구울 때에도 사용한다.

3 실리콘몰드

실리콘 재질로 종류가 다양하고 구움과자부터 무스까지 다양한 제과에 쓰인다.

4 사각틀

빵이나 스펀지케이크, 브라우니 등을 구울 때 사용하는 틀이다. 코팅되어 있는 것이 편하다.

5 파운드케이크틀

파운드케이크를 구울 수 있는 틀이다. 다양한 사이즈가 있어 반죽 양에 따라 골라서 사용한다.

6 마들렌틀

조개 모양 틀로 마들렌을 구울 때 사용한다. 코팅이 되어 있는 팬이라도 버터칠이나 철판 이형제를 발라 굽는 것이 좋다.

7 피낭시에틀

금괴 모양의 직사각형 피낭시에틀이 있지만 요즘은 오발 모양 틀에 많이 굽는 추세이다.

8 까늘레틀

세로로 12개 홈이 패여 있고 겉은 황동, 안은 주석도금이 되어 있다. 틀을 밀랍으로 코팅한 후 반죽을 부어 굽는다.

9 믹싱볼

반죽할 때 사용하는 것으로 베이킹에 없어서는 안 되는 가장 기본 도구이다. 크기별로 구비해놓으면 편리하다.

10 체

가루류는 모두 체로 쳐준 후 사용한다. 체로 치면 가루에 섞여 있는 불순물이 제거되고 가루가 뭉치지 않고 다른 재료와 잘 섞인다. 찻잎이나 액체 등을 거를 때에도 사용한다.

11 핸드믹서

손거품기 대신 편리하게 사용할 수 있는 도구이다. 소비전력이 높은 300W 이상인 제품을 추천한다.

12 계량컵

가루나 액체로 된 재료의 양을 재는 데 사용한다. 생크림을 데우거나 초콜릿을 녹일 때 계량컵에 담아 전자레인지에 돌리면 편리하다.

13 냄비

시럽을 끓이거나 잼이나 캐러멜을 만들 때 사용한다. 잘 타지 않도록 바닥에 두꺼운 냄비를 사용하는 것이 좋다.

14 푸드프로세서

견과류같이 단단한 재료를 다지거나 반죽을 전체적으로 섞을 때 사용한다.

TOOLS

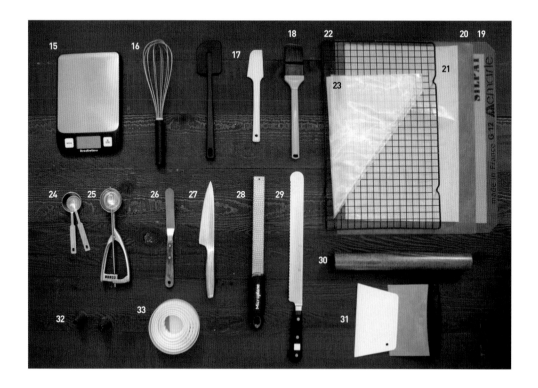

15 전자저울

재료를 정확히 계량하기 위해서는 전자저울을 사용하는 것이 좋다.

16 거품기

달걀 거품 내기, 생크림 휘핑 등을 할 때 사용하며 용도에 걸맞은 크기를 선택한다.

17 실리콘주걱

재료를 섞거나 반죽을 깨끗하게 정리할 때 사용한다. 실리콘 소재는 열에 강하고 변형이 적어 사용하기 적합하다. 용도에 맞는 다양한 사이즈를 구비해놓으면 좋다.

18 붓

달걀물을 바르거나 시럽을 바를 때 쓰는 도구이다.

19 실리콘패드

위생적인 실리콘 재질로 바닥 미끄러짐이 없어 베이킹, 설탕공예 작업에 용이하다. 반영구적으로 사용이 가능하며 중성세제로 가볍게 세척한 후 말려 사용한다.

20 테프론시트

표면이 매끈해 눌어붙지 않고 타지 않아 베이킹에 매우 유용하게 쓰인다. 300℃까지 견디기 때문에 반영구적으로 사용 가능하다. 중성세제로 가볍게 세척한 후 말려 사용한다.

21 유산지

테프론시트 대신 팬에 깔거나 틀에 재단해 넣어 틀과 반죽이 달라붙지 않도록 한다. 가루를 체로 칠 때 바닥에 깔아놓고 쓰면 편리하다.

TOOLS

22 식힘망

오븐에서 꺼낸 쿠키나 케이크 등을 식힐 때 식힘망 위에 올리면 수분 때문에 눅눅해지는 것을 막아준다.

23 짤주머니

일회용 비닐과 재사용이 가능한 방수천으로 된 짤주머니가 있다. 되직한 반죽을 짤 때는 천으로 된 짤주머니를 사용하고 크림 같은 가벼운 반죽인 경우, 비닐 짤주머니를 사용하면 좋다.

24 계량스푼

적은 양을 정확하게 계량할 수 있는 도구이다.

25 스쿱

다양한 사이즈가 있으며 반죽을 떠서 옮길 때 사용하면 일정하고 깔끔한 모양으로 만들 수 있다.

26 스패튤러

크림을 바르거나 반죽을 균일하게 펼 때 사용하는 도구이다. 살짝 꺾인 L타입과 수평타입이 있으며 크기가 다양하므로 용도에 맞게 골라서 사용한다.

27 칼

재료를 다듬거나 자르는 용도의 도구이다.

28 제스터

작은 구멍이 촘촘히 박혀 있는 강판 모양 도구이다. 오렌지, 레몬 등의 껍질을 벗길 때, 치즈, 초콜릿 등을 갈 때 사용한다.

29 빵칼

빵을 쉽게 자를 수 있도록 칼날이 톱니 모양을 하고 있어 케이크시트나 빵이 눌리지 않게 자를 수 있다.

30 밀대

반죽을 밀어 펼 때 사용하는 도구이다. 주로 나무 재질로 되어 있으며 세척 후 바짝 말려 보관한다.

31 스크래퍼

재료를 섞거나 반죽을 분할할 때, 스펀지 반죽을 평평하게 할 때 사용한다. 재질, 모양, 크기가 다양하므로 용도에 맞게 선택한다.

32 깍지

크림이나 반죽을 짤 때 짤주머니에 끼워 사용한다. 모양과 크기가 다양하다.

33 쿠키커터

쿠키, 스콘 등의 반죽을 밀어 편 후 일정한 모양으로 자를 때 사용한다.

구움과자 재료

1 밀가루

단백질 함량에 따라 강력분, 중력분, 박력분으로 나눌 수 있는데 제과용으로는 단백질 함량이 적은 박력분을 사용한다. 식감이 부드러워 쿠키나 케이크 반죽에 사용한다. 식감에 따라서 중력분이나 강력분을 사용하기도 한다.

2 아몬드가루

아몬드 껍질을 벗겨 빻은 가루로 반죽에 넣어 구우면 촉촉하고 고소한 맛을 낸다.

3 카카오가루

카카오에서 카카오버터를 제거한 뒤 건조시켜 곱게 간 것이다. 초콜릿의 풍미와 색감을 내는 재료로 밀폐용기에 담아 서늘한 곳에 보관한다. 이 책에서는 발로나 카카오 파우더를 사용했다.

4 분유

첨가물을 넣지 않은 우유를 분말로 만든 것으로, 우유 지방 함유량을 규격에 맞게 조제한 뒤 농축 및 탈수시킨 것이다. 전지분유는 지방 함량이 높아 산화되기 쉬우며 상온에서 3~7개월 보존 가능하다. 탈지분유는 상온에서 1년간 보존 가능하다. 이 책에서는 전지분유를 사용했다.

5 전분

제과에서 사용하는 전분은 대부분 콘스타치(옥수수)를 갈아서 만든 것이다. 디저트에 윤기가 나게 하고 가벼운 식감을 만들어준다.

6 설탕

백설탕, 황설탕, 흑설탕, 슈가파우더 등이 있으며 그중에서도 가장 많이 사용하는 것은 백설탕이다. 베이킹으로 가장 기본적인 재료로 제과의 종류에 따라 다르게 사용한다. 제과의 볼륨과 식감에 영향을 준다.

7 소금

제품의 간을 맞추는 것은 물론 다른 재료의 맛을 살려주고 맛의 균형을 조절하는 역할을 한다. 크림이나 반죽에 사용하면 맛이 더욱 좋아진다.

8 베이킹파우더

수분과 열에 반응하는 화학적 팽창제이다. 다른 가루와 섞어 체로 쳐준 후 사용하며 케이크나 쿠키 등을 부풀게 하여 식감을 좋게 한다. 스콘과 같이 베이킹파우더가 많이 들어가는 제과는 쓴맛이 나기 때문에 알루미늄 프리인 제품을 사용하는 것이 좋다.

9 베이킹소다

탄산수소나트륨을 주성분으로 한, 산과 수분에 팽창하는 화학적 팽창제이다. 베이킹파우더와 함께 소량 넣어 팽창을 돕는다.

10 말차가루

시루에서 쪄낸 찻잎을 그늘에서 말린 후 잎맥을 제거하고 나머지를 곱게 갈아 분말 형태로 만든 것이다. 녹차로 만들 때보다 더욱 선명한 색감의 제과를 얻을 수 있다. 이 책에서는 일본산 '우지말차'를 사용했다.

11 볶은 콩가루

일반적으로 떡의 고물로 많이 사용하는데, 고소하고 담백한 맛 때문에 최근 베이킹 재료로 각광받고 있다. 크림이나 반죽 베이스 등에 넣어 사용한다.

12 쑥가루

특유의 쓴맛과 향 때문에 생으로는 먹기 어렵다. 쑥을 말려 가루로 곱게 내어 크림이나 반죽의 베이스에 넣어 사용하면 좋다.

13 얼그레이

베르가못(bergamot)향을 첨가한 영국 홍차로 풍미와 향

이 독특하다. 우유를 넣어 밀크티로 마셔도 좋고 베이킹 재료로 사용할 수도 있다.

14 달걀

보통 60g(흰자 30g, 노른자 20g, 껍질 10g) 중량이다. 베이킹에서 빠질 수 없는 재료로 디저트의 맛과 색을 내는 데 중요한 역할을 한다.

15 버터

버터는 우유에 들어 있는 유지방을 분해하여 나온 덩어리로 만들어진다. 제과에서는 무염버터를 주로 사용한다. 냉장실에서 2개월, 냉동실에서 8~9개월까지 보관 가능하다. 이 책에서는 에르앤비르의 고메버터와 앵커버터를 사용했다.

16 크림치즈

크림과 우유를 섞어 만든 것으로 숙성시키지 않아 신맛이 나고 끝맛은 고소하다. 이 책에서는 필라델피아 크림치즈를 사용했다.

17 생크림

신선한 우유에 들어 있는 유지방을 유출하여 농축한 것이다. 우유보다 훨씬 고소하며 풍부한 맛이 난다. 크림이 찰수록 거품 내기 쉬우므로 더운 여름철에는 얼음물을 받쳐 작업하는 것이 좋다. 이 책에서는 서울우유 생크림을 사용했다.

18 우유

우유에 포함되어 있는 유당의 당질이 표면의 색을 내는 작용을 한다. 저지방, 무지방, 일반우유로 나뉘며 제과에서는 일반우유를 사용한다.

19 바닐라빈

바닐라콩을 건조시킨 것으로 베이킹에 쓰이는 대표적인 향신료이다. 껍질을 세로로 길게 가르고 안의 씨를 사용한다. 향을 우릴 때에는 껍질을 함께 사용하면 더욱 풍미가 좋아진다.

20 건과일(무화과, 크랜베리, 건포도, 건살구)

생과로 먹을 때보다 쫀득한 식감을 느낄 수 있는 건과일은 종류에 따라 인공적으로 당이 첨가되기 때문에 당을 조절하거나 전처리 과정을 거치는 것이 좋다.

21 감귤류(오렌지필, 레몬제스트)

오렌지나 레몬은 과육, 과즙, 제스트 등 다양하게 사용된다. 당절임을 해서 사용하기도 한다. 제과에 풍미를 더해 머핀이나 케이크, 마들렌 등에 사용하면 좋다.

22 삼색콩

설탕에 달짝지근하고 부드럽게 졸인 콩조림은 베이킹에 두루두루 사용된다. 쑥가루나 콩가루 등과 쓰면 잘 어울린다.

23 럼주

사탕수수를 원료로 만든 증류수로 크림을 만들 때, 제과 반죽을 만들 때 첨가해 풍미를 낸다. 달걀의 비린맛을 잡아줄 때, 건과일 전처리를 할 때, 바닐라 익스트랙을 만들 때에도 사용한다.

24 쿠앵트로

오렌지 껍질로 만든 무색의 프랑스산 리큐어로 오렌지술이라고도 한다. 단맛이 강하며 부드러운 맛과 향 때문에 제과나 디저트에 많이 사용한다.

25 바닐라 익스트랙

바닐라빈을 럼이나 보드카처럼 도수 높은 술에 2~6개월 숙성시킨 것이다. 달콤한 향과 가벼운 계피향을 동시에 느낄 수 있다. 달걀의 비린내를 잡아주며 무스나 아이스크림, 케이크, 쿠키 등에 널리 사용한다.

26 흑임자 페이스트

페이스트타입이라 입자가 거의 없어서 무스나 구움과자에 많이 사용된다.

27 라즈베리 퓨레

퓨레는 과일이나 야채의 껍질과 씨를 제거한 후 걸쭉하게 만든 것이다. 비타민과 미네랄이 풍부하고 상큼한 맛이 있어서 타르트나 무스케이크 등을 만들 때 사용한다. 이 책에서는 브아롱(Boiron) 제품을 사용했다.

PART 1

파운드케이크 & 머핀

Pound Cake & Muffin

⟶ 파운드케이크 & 머핀 기초 ⟵
Pound Cake & Muffin

- 재료는 모두 실온의 것을 사용합니다.

- 버터는 손가락으로 눌렀을 때 무르게 들어가는 정도면 됩니다.

- 머랭을 만들 달걀흰자도 실온의 것으로 준비합니다. 달걀흰자가 차가우면 버터 베이스와 섞을 때 분리가 됩니다.

- 달걀(수분)과 버터(유지)는 잘 섞이지 않기 때문에 소량씩 넣되, 그때마다 충분히 섞어주어야 분리되지 않고 식감이 좋은 파운드케이크와 머핀이 됩니다.

- 반죽을 팬닝한 후 주걱으로 가운데가 들어가게 눌러 정리해주면 파운드케이크 모양을 일정하게 유지시켜줍니다.

부풀어 오르지 않는 원인

1. **차가운 달걀과 버터를 사용했을 경우** 차가운 버터는 단단하기 때문에 공기를 포집할 수 없어서 팽창이 되지 않습니다. 차가운 달걀은 버터와 섞이지 못하고 분리됩니다. 버터는 손가락으로 눌렀을 때 무르게 들어가는 정도가 좋습니다. 전자레인지에 살짝 돌려서 사용해도 됩니다.

2. **달걀을 한 번에 넣었을 경우** 한 번에 추가하면 달걀의 수분 때문에 분리되어버립니다. 여러 번에 나누어 넣으며 그때마다 충분히 섞어주어야 합니다.

3. **가루를 체로 치지 않았을 경우** 가루가 균일하게 섞이지 않으면 파운드케이크의 식감이 떨어집니다.

4. **오븐 온도가 낮았을 경우** 오븐을 열 때 열손실이 발생합니다. 따라서 10℃ 정도 올려 예열해주는 것이 좋습니다. 4칸짜리 컨벡션 오븐인 경우 1판당 10℃, 4판이면 40℃로 예열한 후 차례대로 오븐에 넣어줍니다.

5. **굽는 시간이 짧았을 경우** 제시된 온도보다 5~10분 전에 이쑤시개나 케이크 테스터 등으로 찔러 반죽이 묻어 나오면 좀더 구워줍니다.

6. **버터, 설탕, 달걀이 충분히 섞이지 않았을 경우** 부풀어 오르지 않을 뿐 아니라 맛도 떨어집니다.

포슬하지 않고 떡진 원인

1   오븐의 온도가 낮았을 경우

2   굽는 시간이 짧았을 경우

3   믹싱 시간이 부족해 달걀과 버터 반죽이 충분히 유화되지 않았을 경우

4   가루를 넣은 후 너무 섞었을 경우

유자 마론 파운드케이크

유자의 상큼한 향과 새콤한 맛이 담백한 파운드케이크와 잘 어울립니다.
마론 페이스트까지 포인트로 넣어 진한 밤맛을 느낄 수 있어요.

PREPARATION

오븐
일반 **오븐** 180℃ 15분, 170℃ 30분
컨벡션 **오븐** 175℃ 15분, 165℃ 25~28분

보관
실온 밀폐용기나 랩핑 후 2일
냉장 밀폐용기나 랩핑 후 5일
냉동 밀폐용기나 랩핑 후 15일

재료
비터 110g, 슈가파우더 95g, 달걀 130g, 유자청 40g, 박력분 110g, 아몬드가루 35g, 베이킹파우더 3g, 소금 1꼬집, 마론 페이스트 90g, 럼주 12g, 보늬밤 적당량

★ 사용하는 도구는 20×7×7cm 중 파운드케이크틀이며, 달걀은 중간 크기(52~53g)를 사용하세요.

⇾ HOW TO MAKE ⇽

1 철판 이형제를 바르거나 유산지를 재단해 깔아주세요.

2 마론 페이스트를 주걱으로 잘 풀어준 다음 럼주를 넣고 거품기로 부드럽게 섞어주세요.

3 2의 과정이 끝나고 마론 크림이 준비되었습니다.

4 핸드믹서를 강으로 2분간 돌려 버터를 부드럽게 풀어주세요.

5 슈가파우더를 넣고 저속으로 섞어주세요. 완전히 섞이면 중속으로 4~5분간 버터가 하얗게 될 때까지 섞어주세요.

6 달걀은 잘 풀어 5회에 나누어 넣어주되, 그때마다 핸드믹서 강으로 3분간 충분히 섞어주세요.

7 6이 부피가 2배가 되고 윤기가 돌면 유자청을 넣고 섞어주세요.

8 체에 친 박력분, 아몬드가루, 베이킹파우더, 소금을 2회로 나누어 섞어주세요.

9 반죽을 다 섞어준 모습입니다.

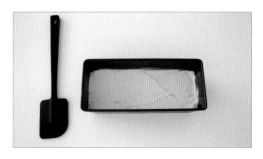

10 반죽의 1/2을 부어 평평하게 정리해주세요.

11 짤주머니에 3의 마론 크림을 담아 10의 중앙에 길게 짜주세요.

12 남은 반죽을 부어준 후 10cm 위에서 바닥에 3회 떨어뜨려 공기를 빼줍니다.

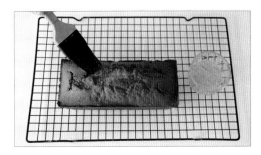

13 주걱으로 평평하게 다듬어 정리한 후 일반 오븐에서 180℃ 15분, 170℃ 30분, 컨벡션 오븐에서 175℃ 15분, 165℃ 25~28분 굽습니다. 다 구워지면 20cm 높이에서 바닥에 떨어뜨려 수축 방지 후 틀에서 제거해줍니다.

14 식힘망에 올리고 뜨거울 때 유자청을 윗면에 꼼꼼히 발라 준 후 보늬밤을 올려주세요.

Tip
• 마론 페이스트가 잘 풀어지지 않을 때에는 전자레인지에 살짝 돌려 사용해보세요.
• 마론 크림은 양을 늘려 더 굵게 짜주어도 됩니다.
• 크림화할 때의 핸드믹서 기본 속도를 익히고 다른 파운드케이크를 만들 때에도 적용해보세요.

쇼콜라 퐁당 파운드케이크

다크 초콜릿을 넣어 만든 진한 초콜릿 케이크에 초콜릿 글라사주의 쌉싸름함과 달콤함을 더한
촉촉한 식감의 파운드케이크입니다.

PREPARATION

 오븐
일반 오븐 175℃ 50분
컨벡션 오븐 170℃ 43~45분

 보관
실온 밀폐용기나 랩핑 후 2일
냉장 밀폐용기나 랩핑 후 5일
냉동 밀폐용기나 랩핑 후 15일

 재료
반죽 다크 커버처 초콜릿 120g, 버터 80g, 달걀노른자 3개, 설탕 60g, 아몬드가루 60g, 달걀흰자 3개,
　　　설탕 60g, 박력분 70g, 다크 커버처 초콜릿 80g
초콜릿 가나슈 다크 커버처 초콜릿 100g, 생크림 70g(그 중 20g은 초콜릿 글라사주용)
카카오닙스 적당량

★ 초콜릿 가나슈 150g 중 95g은 틀에 굳혀 큐브 가나슈로 만들고, 나머지 55g은 따뜻한 생크림 20g을 섞어
　 초콜릿 글라사주를 만들어주세요.

★ 사용하는 도구는 20×7×7cm 중 파운드케이크틀이며, 달걀은 중간 크기(52~53g)를 사용하세요.

⇒ HOW TO MAKE ⇐

1　철판 이형제를 바르거나 유산지를 재단해 깔아주세요.

2　다크 커버처 초콜릿 120g과 버터를 전자레인지나 중탕으로 녹여주세요.

3　2를 잘 섞어주세요.

4　다른 볼에 달걀노른자와 설탕을 넣고 섞어주세요.

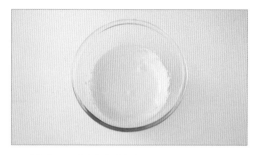

5 설탕이 녹고 미색이 될 때까지 휘핑해주세요.

6 3에 5를 넣고 섞어주세요.

7 체에 친 아몬드가루를 넣고 섞어주세요.

8 다른 볼에 달걀흰자를 가볍게 휘핑해 흰 거품이 올라오면
설탕을 2회에 나누어 넣으면서 휘핑해주세요.

9 끝이 새부리 모양의 머랭이 될 때까지 휘핑해주세요.

10 머랭의 1/2을 6에 넣고 섞어주세요.

11 체에 친 박력분을 넣고 섞어주세요.

12 나머지 머랭을 넣고 섞어주세요.

13 매끄러운 반죽이 될 때까지 섞어주세요.

14 반죽의 1/3을 틀에 붓고 다크 커버처 초콜릿 80g을 올려주
세요.

15 나머지 반죽을 붓고 일반 오븐에서 175℃ 50분, 컨벡션 오
븐에서 170℃ 43~45분 구워주세요.

16 다크 커버처 초콜릿을 반 정도 녹인 후 따뜻하게 데운 생
크림 50g을 조금씩 넣어가며 섞어 가나슈를 만들어주세
요.

17 16의 가나슈 중 55g에 따뜻한 생크림 20g을 넣어 섞어 초
콜릿 글라사주를 만들어주세요.

18 16의 남은 가나슈는 유산지를 깐 틀에 넣어 냉장실에서 굳
혀주세요.

19 굳힌 가나슈를 큐브 모양으로 잘라주세요.

20 15의 케이크 윗면에 17의 초콜릿 글라사주를 코팅한 후 큐
브로 자른 가나슈를 올려주세요.

Tip

• 반죽의 초콜릿이 굳었을 때에는 볼에 따뜻한 물을 담고 그 위에 올려두고 작업하면 좋아요. 초콜릿 반죽이 굳으면 식감이 떨어지니 주의해주세요.

• 머랭을 너무 조금 올리면 볼륨이 없고 너무 많이 올리면 퍼석해집니다. 적당히 부드럽고 단단한 머랭을 만들어주세요.

• 윗면에 올릴 큐브 가나슈는 냉장실에서 굳히고 초콜릿 글라사주는 굳지 않도록 따뜻한 물 위에 올려놓습니다.

• 초콜릿 글라사주가 살짝 굳었을 때 큐브 가나슈를 올려야 잘 붙고 떨어지지 않아요.

무화과 캐러멜 파운드케이크

무화과를 와인 대신 구하기 쉽고 달콤한 포도주스에 절여 만들었습니다. 무화과의 오도독 씹히는
맛과 수제 캐러멜의 쌉쌀함과 달콤함이 있는 촉촉한 파운드케이크입니다.

일반 오븐 180℃ 15분, 170℃ 30분
컨벡션 오븐 175℃ 15분, 170℃ 25분

오븐

실온 밀폐용기나 랩핑 후 2일
냉장 밀폐용기나 랩핑 후 5일
냉동 밀폐용기나 랩핑 후 15일

보관

재료

무화과조림 반건조 무화과 100g, 물 15g, 포도주스 55g
캐러멜 설탕 60g, 물 20g, 생크림 60g
반죽 버터 140g, 달걀노른자 2개, 달걀흰자 2개, 설탕 80g, 박력분 120g, 아몬드가루 40g, 베이킹파우더 4g, 럼주 약간

★ 사용하는 도구는 20×7×7cm 중 파운드케이크틀이며, 달걀은 중간 크기(52~53g)를 사용하세요.

⇒ HOW TO MAKE ⇐

1 철판 이형제를 바르거나 유산지를 재단해 깔아주세요.

2 반건조 무화과는 반으로 썰어주세요.

3 냄비에 물과 포도주스를 넣고 반으로 자른 무화과를 넣어주세요.

4 강불에 올려 열을 가하고 끓으면 약불로 줄여주세요.

5 바닥에 약간의 물기가 있을 때까지 부드럽게 졸여주세요.

6 완전히 식으면 무화과를 다시 또 반으로 잘라주세요.

7 냄비에 물과 설탕을 넣고 중불로 끓여주세요.

8 전체적으로 갈색이 되면 따뜻하게 데운 생크림을 넣고 약 30초간 더 끓여주세요.

9 주걱에서 천천히 떨어지는 정도의 점성이 될 때까지 찬물을 담은 볼에 올려 완전히 식혀주세요.

10 버터를 부드럽게 풀어준 후 달걀노른자를 3회로 나누어 넣으면서 충분히 섞어주세요.

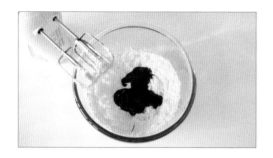

11 9의 캐러멜을 넣고 밝은 색이 될 때까지 섞어주세요.

12 다른 볼에 달걀흰자를 휘핑해주세요.

13 흰 거품이 올라오면 설탕을 3회로 나누어 넣으며 휘핑해주세요.

14 끝이 새부리 모양의 머랭이 될 때까지 휘핑해주세요.

15 머랭의 1/2을 넣고 섞어주세요.

16 체에 친 박력분, 아몬드가루, 베이킹파우더의 1/2을 넣고 섞어주세요.

17 나머지 머랭을 넣고 섞어주세요.

18 나머지 가루류를 넣고 섞어주세요.

19 6의 졸인 무화과를 2/3 넣고 부드럽게 섞어주세요.

20 반죽을 담고 중앙은 들어가도록 평평하게 다듬어주세요.

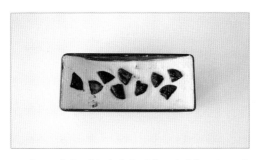

21 남은 무화과조림을 올린 후 일반 오븐에서 180℃ 15분, 170℃ 30분, 컨벡션 오븐에서 175℃ 15분, 170℃ 25분 구워주세요.

22 뜨거울 때 럼주를 바른 후 장식용 무화과조림을 올려주세요.

Tip
• 무화과를 처음부터 4등분하지 않는 이유는 졸이는 과정에서 무화과가 다 풀어질 수 있기 때문입니다.
• 캐러멜 소스는 너무 졸이면 굳어버려 쓸 수가 없어요. 설탕이 너무 진하게 캐러멜화됐다면 생크림을 넣고
  섞은 후 바로 불을 꺼주세요. 캐러멜화가 덜 되었다면 생크림을 넣고 색이 날 때까지 좀더 졸여주세요.
• 반죽을 섞을 때 머랭이 꺼지지 않도록 천천히 부드럽게 섞어주세요.
• 장식용 무화과조림은 반건조 무화과 50g을 반으로 슬라이스해서 물 7g, 포도주스 30g을 넣고 3번과 같은 방법으로
  졸이면 됩니다.
• 포도주스는 동량의 와인으로 대체 가능합니다.
• 마지막에 뜨거울 때 럼주를 바르는 이유는 럼주의 알코올은 증발되고 향긋하고 촉촉함을 유지할 수 있기 때문입니다.

가토 인비지블

사과를 켜켜이 슬라이스해서 올려 만드는 케이크예요. 사과의 과즙이 터지면서
새콤달콤함을 씹는 즐거움까지 있습니다.

PREPARATION

오븐

일반오븐 175℃ 50분
컨벡션 오븐 175℃ 43~45분

보관

냉장 밀폐용기나 랩핑 후 3일
냉동 밀폐용기나 랩핑 후 10일

재료

크럼블 아몬드슬라이스 10g, 박력분 20g, 버터 12g, 설탕 12g
반죽 달걀 2개, 설탕 50g, 중력분 70g, 우유 100g, 녹인 버터 30g, 사과(중간 크기) 3개, 건살구 30g,
크랜베리 25g

★ 사용하는 도구는 20×7×7cm 중 파운드케이크틀이며, 달걀은 중간 크기(52~53g)를 사용하세요.

⇾ HOW TO MAKE ⇽

★ 크럼블 만들기는 63쪽 콩가루 세서미 머핀을 참고하세요.

1 우유와 버터를 데우고 잘 저어서 버터를 녹여주세요.

2 달걀을 가볍게 풀어주세요.

3 설탕을 넣고 섞어주세요. 이때 설탕이 완전히 녹지 않아도
됩니다.

4 체에 친 중력분을 넣어주세요.

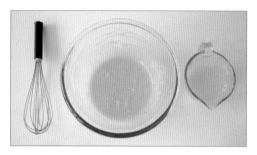

5 4에 1을 넣고 섞어주세요.

6 건살구를 적당한 크기로 잘라주세요.

7 사과는 껍질을 벗겨 4등분해주세요.

8 슬라이서로 얇게 잘라주세요.

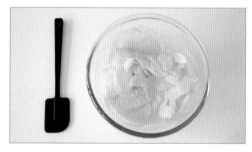

9 5의 반죽에 사과를 넣고 사과가 부서지지 않도록 천천히 섞어주세요.

10 유산지를 깐 팬에 사과 반죽을 올려주세요.

11 6의 건살구 1/2을 올려주세요.

12 사과 반죽을 올린 후 크랜베리 1/2을 올려주세요.

13 사과 반죽을 올리고 나머지도 순서대로 층층이 올려주세요.

14 크럼블을 올린 후 일반 오븐에서 175℃ 50분, 컨벡션 오븐에서 170℃ 43~45분 구워주세요.

얼그레이 밀크티 파운드케이크

밀크티의 그윽하면서 향긋한 맛과 카스테라처럼 부드럽게 만든 파운드케이크입니다.
밀크티 글레이즈로 더욱 달콤하고 향긋함을 더했습니다.

PREPARATION

오븐
일반 오븐 175℃ 35~40분
컨벡션 오븐 170℃ 33~35분

보관
실온 밀폐용기나 랩핑 후 2일
냉장 밀폐용기나 랩핑 후 5일
냉동 밀폐용기나 랩핑 후 15일

재료
반죽 달걀 2개, 달걀노른자 1개, 설탕 140g, 박력분 120g, 아몬드가루 40g, 베이킹파우더 4g, 버터 60g, 우유 60g, 얼그레이 티백 2개
밀크티 글레이즈 우유 15g, 얼그레이 티백 1개, 슈가파우더 50g

★ 사용하는 도구는 20×7×7cm 중 파운드케이크틀이며, 달걀은 중간 크기(52~53g)를 사용하세요.

⇾ HOW TO MAKE ⇽

1 팬에 철판 이형제를 발라주세요. 유산지를 깔아주어도 좋습니다.

2 우유 60g에 얼그레이 티백 2개를 넣어주세요.

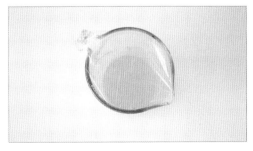

3 전자레인지에 30초간 돌려준 후 랩을 씌워 우려주세요.

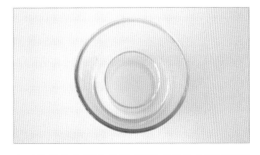

4 다른 볼에 버터를 녹인 후 따뜻한 물에 올려 40℃ 정도로 따뜻하게 유지해주세요.

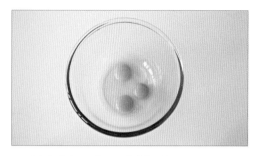

5 달걀과 달걀노른자를 볼에 넣어주세요.

6 5에 설탕을 넣고 뜨거운 물이 담긴 중탕볼 위에 올려 휘핑
　해주세요.

7 설탕이 녹으면 중탕볼을 빼고 고속으로 휘핑해주세요. 거
　품을 떨어뜨렸을 때 리본 모양으로 자국이 남을 때까지 휘
　핑해주세요.

8 체에 친 박력분, 아몬드가루, 베이킹파우더를 다시 1/2만
　체로 쳐서 넣어주세요.

9 녹인 버터에 얼그레이 티백 우린 것을 섞어주세요.

10 9의 1/2을 8에 넣고 섞어주세요.

11 나머지 가루를 체로 쳐서 넣고 가루가 없어질 때까지 섞어
　주세요.

12 10에서 남은 버터와 얼그레이 우린 것을 넣고 섞어줍니다.

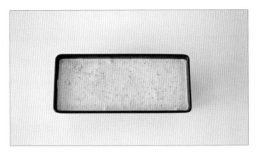

13 반죽을 틀에 붓고 일반 오븐 175℃ 35~40분, 컨벡션 오븐
에서 170℃ 33~35분 구워주세요.

14 뜨겁게 데운 우유에 얼그레이 티백을 넣어 약 5분간 우려
티백을 짠 후 완전히 식혀주세요.

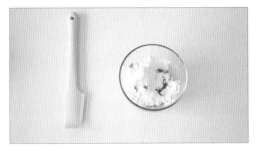

15 슈가파우더를 넣어주세요.

16 뭉친 곳 없이 잘 풀어주세요.

17 13의 파운드케이크 윗면에 16을 뿌려 굳혀주세요.

Tip
- 달걀은 설탕을 넣고 충분히 미색이 날 때까지 휘핑해주세요. 거품을 들어 지그재그로 뿌렸을 때
  사그러지지 않을 정도로 휘핑해야 촉촉한 파운드케이크가 됩니다.
- 버터와 얼그레이 티백 우린 것을 넣을 때에는 바닥까지 고루 섞이도록 신속하게 해주세요.
  너무 많이 섞이면 볼륨이 작아지고 식감도 나빠집니다.
- 거품형으로 만드는 파운드케이크는 바로 틀에서 분리시켜야 수축되지 않아요.
- 글레이즈는 케이크가 완전히 식은 후에 뿌려주어야 예쁘게 코팅할 수 있어요.
- 글레이즈를 뿌린 후 붓으로 발라주면 매끈하게 코팅할 수 있어요.

크림치즈 당근 파운드케이크

당근케이크라 믿기지 않을 정도로 당근 맛은 나지 않으면서 파인애플을 넣어 식감이 좋은 파운드케이크입니다.
크림치즈 프로스팅을 올려 더욱 맛있습니다.

오븐

일반 오븐 180℃ 45~50분
컨벡션 오븐 175℃ 43~45분

보관

냉장 밀폐용기나 랩핑 후 3일
냉동 밀폐용기나 랩핑 후 10일

재료

반죽 달걀 130g, 황설탕 110g, 우유 35g, 사워크림 40g, 박력분 155g, 계핏가루 3g, 너트메그가루 2g,
생강가루 2g, 소금 1꼬집, 베이킹파우더 4g, 식용유 120g, 당근 95g, 파인애플 슬라이스 2개,
호두 40g, 건포도 30g
프로스팅 크림치즈 150g, 설탕 25g, 생크림 10g

★사용하는 도구는 20×7×7cm 중 파운드케이크틀이며, 달걀은 중간 크기(52~53g)를 사용하세요.

⇾ HOW TO MAKE ⇽

1 철판 이형제를 바르거나 유산지를 재단해 깔아주세요.

2 당근은 얇게 채썰어주세요.

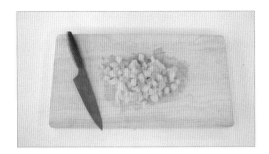

3 파인애플은 0.3cm 크기로 깍둑썰기 해주세요.

4 호두는 170℃ 일반 오븐에서 10분간 구워주고 식으면 다 저 준비합니다.

5 달걀은 멍울 없이 풀어주고 황설탕을 넣어주세요.

6 미색이 나고 거품을 떨어뜨렸을 때 거품이 바로 사그라질 정도까지 휘핑해주세요.

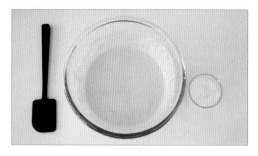

7 우유와 사워크림을 넣고 섞어주세요.

8 박력분, 계핏가루, 너트메그가루, 생강가루, 소금, 베이킹파우더를 채에 친 후 7에 넣고 섞어주세요.

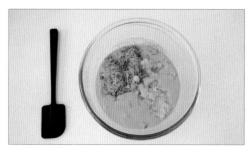

9 식용유를 넣고 섞은 다음 2의 채친 당근, 3의 파인애플 썬 것을 넣고 섞어주세요.

10 4의 다진 호두와 건포도를 넣고 섞어주세요.

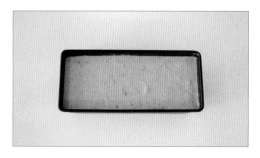

11 팬에 반죽을 붓고 일반 오븐에서 180℃ 45~50분, 컨벡션 오븐에서 175℃ 43~45분 구워주세요. 식힘망에 올려 완전히 식혀주세요.

12 실온에 둔 크림치즈를 주걱으로 부드럽게 섞어주세요.

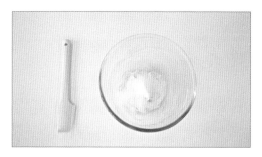

13 설탕을 넣고 색이 밝아질 때까지 충분히 섞어주세요.

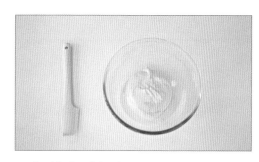

14 생크림을 넣고 섞어주세요.

15 식힌 당근케이크 위에 14의 크림치즈 프로스팅을 올려주세요.

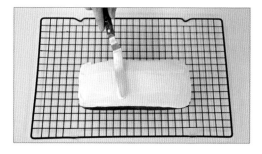

16 작은 스패튤러로 펴주세요.

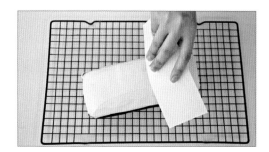

17 약간 두꺼운 종이로 윗면을 쓸어 평평하게 해주세요.

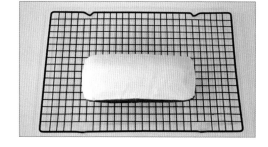

18 냉장실에서 2~3시간 굳혀주세요.

Tip

- 달걀과 설탕을 넣고 휘핑할 때 설탕이 다 녹고 미색이 날 때까지만 휘핑해주세요.
- 당근을 갈아서 사용하면 수분 때문에 당근케이크가 떡질 수 있어요. 가는 채칼을 사용해 갈아주는 게 좋습니다.
- 사워크림 대신 플레인요거트를 약 3시간 키친타월에 올려 물기를 뺀 후 사용해도 됩니다.
- 크림치즈를 풀어줄 때 거품기를 사용하면 물러질 수 있으니 가능하면 주걱으로 작업해주세요.
- A4 용지보다 좀더 두꺼운 종이나 클리어파일을 이용해서 윗면을 긁듯이 정리해주면 깔끔합니다.

말차 테린느

말차와 화이트 초콜릿의 조합으로 가루가 거의 들어가지 않아 찐득하고 입에 넣으면 스르르 녹아버리는 식감이 매력적입니다.

오븐
일반 오븐 160℃ 50분
컨벡션 오븐 155℃ 40~45분

보관
냉장 밀폐용기나 랩핑 후 3일
냉동 밀폐용기나 랩핑 후 15일

재료
화이트 커버처 초콜릿 200g, 버터 50g, 생크림 100g, 설탕 40g, 달걀 2개(106g), 말차가루 15g, 옥수수전분 10g

★사용하는 도구는 16.5×8.5×6.5cm 오란다틀입니다.

⇾ HOW TO MAKE ⇽

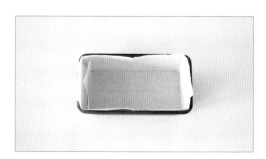

1 유산지를 재단해 팬에 깔아주세요.

2 화이트 커버처 초콜릿에 뜨겁게 데운 생크림을 부어준 후 30초간 두세요.

3 커버처 초콜릿이 녹기 시작하면 거품기로 살살 섞어주세요.

4 3을 뜨거운 물이 담긴 중탕볼에 올려 화이트 커버처 초콜 릿을 모두 녹여주세요.

5 버터를 녹여 4에 넣고 거품기로 섞어주세요.

6 다른 볼에 달걀을 풀고 설탕을 넣어 섞은 뒤 뜨거운 물이 담긴 중탕볼에 올려 40℃가 될 때까지 저어주세요. 이때 거품이 나지 않게 주의해주세요.

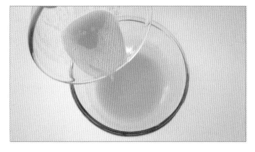

7 5의 화이트 커버처 초콜릿 녹인 것에 6을 3회에 나누어 넣고 천천히 섞어주세요.

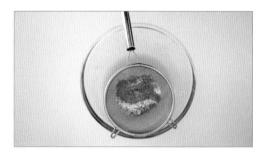

8 체에 친 말차가루와 옥수수전분을 넣어주세요.

9 뭉치지 않도록 잘 섞어주세요.

10 체에 곱게 내려주세요.

11 반죽을 팬에 부어주고 뜨거운 물이 담긴 팬에 올려 일반 오븐에서 160℃ 50분, 컨벡션 오븐에서 155℃ 40~45분 구워주세요.

12 20분 정도 구웠을 때 꺼내어 알루미늄 포일을 덮어주세요.

13 다 구워지면 오븐에서 바로 꺼내지 말고 그대로 식혀주세
요. 거의 식으면 오븐에서 꺼내 랩을 씌운 후 냉장실에서
12시간에서 하루 정도 차갑게 두세요.

14 뜨거운 물이 담긴 용기에 팬째 넣었다가 틀에서 분리합니
다.

15 아랫면이 윗면이 되게 놓은 후 말차가루를 체로 쳐서 뿌려
주세요.

Tip
• 밀도 있는 테린을 만들려면 모든 작업에서 거품이 나지 않게 천천히 섞어주는 게 핵심입니다.
• 밀도 있는 테린을 만들려면 모든 작업에서 따뜻한 온도를 유지해주어야 합니다. 온도가 떨어지면 중탕볼에 올려주세요.
• 칼을 뜨거운 물에 넣어 데우거나 불에 살짝 달궈 잘라주면 테린을 깔끔하게 자를 수 있습니다.
• 테린은 냉장 보관 후 먹으면 더 맛있습니다.
• 알루미늄 포일을 덮는 것은 너무 진하게 색이 나는 것을 방지하기 위해서이니 덮어서 구워주는 게 좋습니다.

레밍턴 케이크

호주의 대표적 디저트인 레밍턴 케이크입니다. 초콜릿 케이크에 다양한 소스를 발라
색다른 맛으로 즐길 수 있습니다.

오븐

일반 오븐 175℃ 30~35분
컨벡션 오븐 170℃ 25~27분

보관

실온 밀폐용기 포장 후 2일
냉장 밀폐용기 포장 후 5일
냉동 밀폐용기 포장 후 15일

재료

(16개 분량)

제누아즈 달걀 225g, 달걀노른자 45g, 꿀 15g, 설탕 145g, 박력분 135g, 우유 20g, 버터 15g

쇼콜라 소스 다크 커버처 초콜릿 35g, 생크림 30g, 물 40g, 카카오가루 10g, 슈가파우더 20g

라즈베리 소스 화이트 커버처 초콜릿 25g, 라즈베리 퓨레 45g, 물 30g, 슈가파우더 15g

말차 소스 화이트 커버처 초콜릿 35g, 생크림 30g, 물 40g, 슈가파우더 20g, 말차가루 3g

패션프루츠 소스 화이트 커버처 초콜릿 25g, 패션프루츠 퓨레 40g, 물 35g, 슈가파우더 25g

코코넛가루 적당량

★사용하는 도구는 20cm 사각틀입니다.
★만드는 공정은 쇼콜라, 라즈베리, 패션프루츠, 말차가 모두 동일합니다.

⇾ HOW TO MAKE ⇽

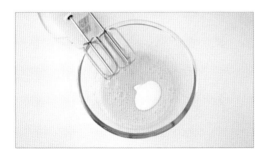

1 달걀과 달걀노른자를 가볍게 풀어준 후 설탕과 꿀을 넣
   고 섞어주세요.

2 뜨거운 물이 담긴 중탕볼에 올려 50℃가 될 때까지 휘핑해
   주세요.

3 중탕볼을 빼고 거품기를 들었을 때 리본모양으로 떨어지
   면서 거품의 모양이 차츰 사라지는 정도까지 고속으로 휘
   핑해주세요.

4 핸드믹서를 약으로 맞춰 1분간 돌려 기포를 없애주세요.

5 체에 친 박력분은 4에 넣고 주걱으로 재빨리 아래에서 위로 섞어줍니다.

6 따뜻하게 데운 우유와 버터를 넣어주세요.

7 바닥에서 위로 훑듯이 부드럽게 섞어주세요.

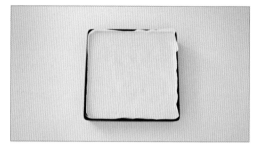

8 팬에 반죽을 붓고 바닥에 2~3회 내려쳐 공기를 뺀 후 일반 오븐에서 175℃ 30~35분, 컨벡션 오븐에서 170℃ 25~27 분 구워주세요.

9 식힘망에서 완전히 식혀준 제누아즈의 아래, 위, 옆면을 잘 라주세요.

10 가로, 세로 각각 4등분하여 16조각으로 잘라주세요.

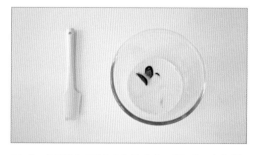

11 다크 초콜릿에 뜨겁게 데운 물과 생크림을 넣고 완전히 녹여주세요.

12 슈가파우더와 코코아가루를 넣고 섞어주세요.

13 포크를 이용해 10의 제누아즈 조각에 소스를 묻혀주세요.

14 여분의 소스는 흐르도록 식힘망에 올려주세요.

15 코코넛가루를 묻혀주세요.

16 화이트 초콜릿에 뜨겁게 데운 생크림과 물을 넣고 완전히 녹인 후 슈가파우더와 말차가루를 넣고 섞어주세요.

17 체에 한 번 걸러주세요.

18 화이트 초콜릿에 뜨겁게 데운 라즈베리 퓨레와 물을 넣고 완전히 녹인 후 슈가파우더를 넣고 섞어주세요.

19 화이트 초콜릿에 뜨겁게 데운 패션프루츠 퓨레와 물을 넣고 완전히 녹인 후 슈가파우더를 넣고 섞어주세요.

20 제누아즈 조각에 말차, 라즈베리 소스를 묻혀주세요.

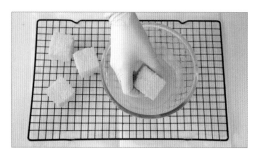 

21 제누아즈 조각에 패션프루츠 소스를 묻혀주세요.

22 코코넛가루를 묻혀 완성해주세요.

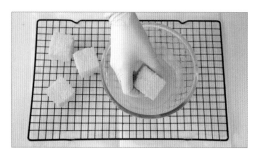

Tip

- 제누아즈가 너무 부드러워 자르기 어려울 경우에는 냉동실에 넣어 살짝 굳힌 후 자르세요.
- 제누아즈의 사방을 깔끔하게 잘라주어야 단면이 예쁘게 나옵니다. 겉껍질이 보이지 않게 잘라주세요.
- 소스는 포크로 찍어 발라주어도 좋고 장갑을 끼고 굴려 발라주어도 좋아요.
- 소스가 흡수되고 흘러내리지 않을 때까지 식힘망에 둔 후 코코넛가루를 묻혀주세요.
- 코코넛가루를 묻힌 레밍턴 케이크는 평평하고 얇은 스크래퍼나 주걱으로 옮겨주면 모양이 망가지지 않아요.
- 소스나 코코넛가루를 너무 많이 묻히면 모양이 예쁘지 않으니 유의하세요.
- 말차는 뜨거운 물에 개서 생크림과 섞은 다음 화이트 초콜릿에 섞어 사용해도 됩니다.

레이즌 화이트 초콜릿 머핀

부드러운 화이트 초콜릿 크림과 럼 건포도의 향긋함이 입맛을 사로잡습니다.
크림을 산 모양으로 올려 아몬드 슬라이스와 건포도로 멋지게 장식한 머핀이에요.

오븐

일반 오븐 180℃ 25~30분
컨벡션 오븐 175℃ 23~25분

보관

냉장 밀폐용기 포장 후 3~4일
냉동 밀폐용기 포장 후 15일

재료

(4개 분량)
반죽 버터 50g, 설탕 80g, 소금 1꼬집, 달걀 1개, 바닐라 익스트랙 1작은술, 박력분 120g, BP 4g, 우유 55g,
럼 건포도 40g
화이트 초콜릿 크림 버터 100g, 슈가파우더 25g, 생크림 20g, 화이트초콜릿 30g, 럼 건포도 30g
럼 건포도 건포도 40g, 럼주 30g

★사용하는 도구는 7×7×4.5cm(윗지름×아랫지름×높이) 머핀틀이며, 달걀은 중간 크기(52~53g)를 사용하세요.

⇻ HOW TO MAKE ⇺

1 머핀팬에 철판 이형제를 발라주세요. 이형제 대신 버터를
바른 후 밀가루로 코팅해도 됩니다.

2 건포도 40g에 럼주 30g을 넣어 전자레인지에서 30초간 돌
린 후 식혀줍니다.

3 버터를 잘 풀어주세요.

4 설탕과 소금을 넣고 버터가 하얗게 될 때까지 중속으로
4~5분간 섞어주세요.

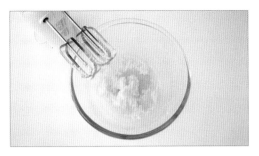

5 달걀은 2회로 나누어 넣으며 버터의 부피가 2배가 되고 윤기가 돌 때까지 섞어주세요.

6 바닐라 익스트랙을 넣고 가볍게 섞어주세요.

7 체에 친 박력분과 베이킹파우더를 1/3만 넣어주세요.

8 실온에 둔 우유를 1/2 넣고 섞어주세요.

9 7의 가루를 1/3 넣고 섞어주세요.

10 남은 우유를 넣고 섞어주세요.

11 나머지 가루를 넣고 섞어주세요.

12 럼에 절인 건포도는 체에 한 번 걸러주세요.

13 럼에 절인 건포도 25g을 넣고 섞어주세요.

14 반죽을 잘 정리해주세요.

15 스쿱이나 스푼 등으로 반죽을 떠서 머핀팬의 80% 정도 담아주세요. 일반 오븐에서 180℃ 25~30분, 컨벡션 오븐에서 175℃ 23~25분 구워주세요.

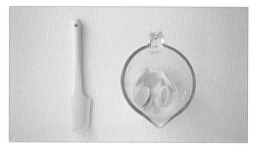

16 화이트 초콜릿에 뜨거운 생크림을 부어 녹여서 화이트 가나슈를 만들어줍니다.

17 버터를 부드럽게 휘핑한 후 슈가파우더를 넣고 저속으로 돌리다가 고속으로 4~5분간 섞어주세요.

18 16의 화이트 가나슈가 완전히 식으면 17에 넣고 3~4분간 고속으로 섞어주세요.

19 백슬라이스 아몬드는 170℃ 일반 오븐에서 8~10분 구워 식혀주세요.

20 크림을 올려주세요.

21 작은 스패튤러로 산 모양을 만들어주세요.

21 아몬드와 럼 건포도로 장식해줍니다.

Tip
• 화이트 가나슈는 완전히 식힌 후에 넣어야 버터가 녹지 않고 부드러운 크림을 만들 수 있어요.
• 레이즌 화이트 초콜릿 머핀의 주의사항은 '파운드케이크 & 머핀 기초'(19쪽)를 참고하세요.

콩가루 세서미 머핀

콩가루 크럼블을 가득가득 올려 더욱 고소하게 만든 머핀입니다.
식사 대용으로도 손색이 없는 메뉴예요.

PREPARATION

 오븐
일반 오븐 175℃ 25~30분
컨벡션 오븐 175℃ 20~21분

 보관
실온 밀폐용기나 OPP 봉투 포장 후 2~3일
냉장 밀폐용기나 OPP 봉투 포장 후 3~4일
냉동 밀폐용기나 OPP 봉투 포장 후 15일

 재료
(8~9개 분량)
크럼블 버터 30g, 아몬드가루 10g, 콩가루 10g, 박력분 40g, 설탕 30g, 흰깨 8g
반죽 버터 90g, 카놀라유 or 포도씨유 25g, 생크림 60g, 플레인요거트 30g, 달걀 2개, 설탕 160g,
　　　박력분 200g, 콩가루 35g, 베이킹파우더 8g, 소금 1꼬집

★사용하는 도구는 7×7×4.5cm(윗지름×아랫지름×높이) 머핀틀이며, 달걀은 중간 크기(52~53g)를 사용하세요.

⇢ HOW TO MAKE ⇠

1 체에 친 박력분, 콩가루, 아몬드가루를 볼에 담고, 실온에
　둔 버터, 설탕, 참깨를 넣어주세요.

2 휘핑기를 세워 섞어주세요.

3 버터와 가루가 섞일 때까지 섞어주세요.

4 버터와 섞이면서 가루가 약간 보이는 상태예요.

5 포슬포슬하게 뭉칠 때까지 섞어주세요.

6 섞을수록 더 크게 뭉쳐집니다. 원하는 만큼 뭉쳐진 크럼블은 사용 전까지 냉동실에 보관해두고 필요할 때 꺼내 사용하세요.

7 볼에 실온에 둔 버터와 카놀라유를 넣고 부드럽게 풀어주세요.

8 실온에 둔 생크림과 요거트를 섞어준 후 2회에 나누어 넣으며 섞어주세요.

9 다른 볼에 달걀과 설탕을 넣고 설탕이 녹을 때까지 섞어주세요.

10 8에 9를 조금씩 넣어가며 섞어주세요.

11 체에 친 박력분, 콩가루, 베이킹파우더, 소금을 넣고 주걱을 세워 섞어주세요.

12 매끈한 반죽이 완성되었어요.

13 머핀틀에 유산지 머핀컵을 깔고 반죽을 80%만 넣어주세요.

14 윗면에 냉동해두었던 크럼블을 올려 일반 오븐에서 175℃ 25~30분, 컨벡션 오븐에서 175℃ 20~21분 구워주세요.

Tip
- 크럼블은 냉동 후에 올려 구워야 모양이 퍼지지 않고 유지됩니다.
- 콩가루 세서미 머핀의 주의사항은 '파운드케이크 & 머핀 기초'(19쪽)를 참고하세요.

단호박 크림치즈 머핀

미네랄과 비타민이 가득한 단호박에 새콤달콤한 크림치즈 필링을 넣은 머핀입니다.
간식은 물론 식사 대용으로도 좋아요.

PREPARATION

오븐

일반 오븐 180℃ 20분
컨벡션 오븐 175℃ 18~20분

보관

실온 밀폐용기 포장 후 2~3일
냉장 밀폐용기 포장 후 3~4일
냉동 밀폐용기 포장 후 15일

재료

(8~9개 분량)
단호박조림 단호박 100g, 버터 10g, 설탕 10g
반죽 버터 100g, 설탕 80g, 달걀 2개, 우유 23g, 박력분 150g 베이킹파우더 4g, 단호박 으깬 것 80g
크림 크림치즈 130g, 슈가파우더 20g

★사용하는 도구는 7×7×4.5cm(윗지름×아랫지름×높이) 머핀틀이며, 달걀은 중간 크기(52~53g)를 사용하세요.

⇾ HOW TO MAKE ⇽

1 반죽용의 껍질 벗긴 단호박 80g은 내열용기에 넣어 전자레인지에서 익을 때까지 돌려줍니다. 찜기로 쪄도 됩니다.

2 1의 단호박은 뜨거울 때 으깨어 식혀둡니다.

3 단호박조림용 단호박은 껍질째 큐브로 썰어주세요. 냄비에 단호박 썬 것과 버터를 넣어주세요.

4 약불에서 저어가며 익혀줍니다.

5 뜨거울 때 설탕을 넣어 버무려둡니다.

6 크림치즈를 부드럽게 풀어준 후 슈가파우더를 넣어주세요.

7 주걱으로 매끄럽게 될 때까지 섞어주면 크림치즈 크림 완성입니다.

8 다른 볼에 실온에 둔 버터를 넣고 부드럽게 풀어주세요.

9 설탕을 넣고 버터가 하얗게 될 때까지 섞어주세요.

10 달걀은 4~5회로 나누어 넣되 그때마다 충분히 섞어주세요.

11 2의 단호박 으깨어놓은 것을 넣고 섞어주세요.

12 우유를 넣고 섞어주세요.

13 체에 친 박력분과 베이킹파우더를 넣고 섞어주세요.

14 5의 식힌 단호박조림을 2/3 넣고 섞어주세요.

15 반죽을 2/3 넣고 옆면에 7의 크림치즈 크림을 스푼으로 넣어주세요.

16 반죽을 좀더 올린 후 남은 단호박조림을 올려준 후 일반 오븐에서 180℃ 20분, 컨벡션 오븐에서 175℃ 18~20분 구워주세요.

Tip
- 크림치즈를 실온에서 녹이지 않았다면 전자레인지에서 10초 정도 데워 사용하세요.
- 단호박에 물기가 너무 없다면 우유 1큰술을 넣고 으깨주세요.
- 팬에 반죽을 너무 많이 넣으면 크림이 넘칠 수 있어요. 80~90%만 넣어주세요.
- 반죽 1/2을 넣고 크림치즈를 넣고 나머지 반죽을 채우는 식으로 만들어도 됩니다.
- 머핀 유산지가 틀 높이보다 높으면 옆으로 자연스럽게 퍼지지 못해 모양이 안 예쁩니다. 머핀틀 높이에 맞는 유산지를 끼워 사용하세요.
- 단호박 크림치즈 머핀의 주의사항은 '파운드케이크&머핀 기초'(19쪽)를 참고하세요.

PART 2

쿠키

Cookie

⇥쿠키 기초⇤

Cookie

- 무염버터와 달걀, 크림치즈 등의 재료는 실온에 미리 꺼내두어 실온 정도의 온도가 되면 사용합니다.

- 가루 재료는 체에 한 번 쳐서 사용합니다.

- 견과류는 오븐에 구워 식힌 후 사용합니다. 굽지 않은 견과류는 쿠키의 맛을 떨어뜨릴 수 있어요.

- 설탕과 달걀을 넣고 오래 섞어 설탕이 거의 녹게 되는 경우 퍼지거나 쿠키의 크랙이 나오지 않아요. 설탕의 입자가 느껴지는 정도만 섞어주세요.

- 쿠키커터로 찍는 쿠키인 경우 냉장이나 냉동 휴지 후에 바로 틀로 찍어 주고 작업을 하다가 너무 반죽이 질어지면 다시 밀어 냉장, 냉동 후에 쿠키커터로 찍어 모양을 만들어주세요.

- 냉동 쿠키인 경우 단단히 말아야 중앙에 구멍이 생기지 않아요. 원통형으로 모양을 만든 후 포일이나 랩심에 넣어 냉동 후 잘라 구우면 모양이 더욱 예뻐요.

누텔라 헤이즐넛 쿠키

악마의 잼 누텔라와 향긋한 헤이즐넛의 오독오독 씹히는 맛이 좋아요. 계속 먹게 되는
악마의 맛이라고 할까요? 포장해서 선물하기에 아주 좋은 쿠키입니다.

PREPARATION

오븐

일반 오븐 170℃ 13~15분
컨벡션 오븐 165℃ 13분

보관

실온 OPP 봉투에 포장 후 7일
냉장 OPP 봉투에 포장 후 밀폐용기에 넣어 15일
냉동 OPP 봉투에 포장 후 밀폐용기에 넣어 30일

재료

(13개 분량)
무염버터 75g, 누텔라 75g, 흑설탕 110g, 달걀 35g, 중력분 115g, 분유 20g, 베이킹소다 2g, 소금 1g,
헤이즐넛 60g, 초콜릿칩 75g

★ 사용하는 도구는 4.5cm 스쿱입니다.

★ 분유는 전지분유, 탈지분유 모두 가능합니다.

⇾ HOW TO MAKE ⇽

1   헤이즐넛은 170℃로 10분간 구워 반을 잘라 식혀주세요.

2   실온에 둔 버터와 누텔라를 섞어주세요.

3   흑설탕을 넣고 버터의 부피가 커질 때까지 휘핑해주세요.

4   달걀을 넣고 버터와 잘 섞어주세요. 이때 설탕이 완전히 녹
지않아도 됩니다.

5 체에 친 중력분, 분유, 베이킹소다, 소금을 4에 넣고 섞어주
세요.

6 헤이즐넛과 초콜릿칩을 넣고 섞어주세요.

7 완성된 반죽을 정돈합니다.

8 스쿱으로 떠서 팬 위에 반죽을 올린 후 일반 오븐에서
170℃ 13~15분, 컨벡션 오븐에서 165℃ 13분 구워주세요

모카 초콜릿 쿠키

커피와 초콜릿을 듬뿍 넣어 만든 쿠키예요. 안은 브라우니처럼 촉촉하고
겉은 바삭함을 느낄 수 있는 쿠키입니다.

오븐

일반 오븐 165℃ 11~12분

컨벡션 오븐 160℃ 10분

보관

실온 OPP 봉투에 포장 후 7일

냉장 OPP 봉투에 포장 후 밀폐용기에 넣어 15일

냉동 OPP 봉투에 포장 후 밀폐용기에 넣어 30일

재료

(7개 분량)

다크 커버처 초콜릿 110g, 무염버터 30g, 달걀 1개(54~56g), 흑설탕 75g, 커피 3g, 중력분 55g,

베이킹파우더 2g, 소금 1꼬집, 굵게 다진 초콜릿 50g

★ 사용하는 도구는 4.5cm 스쿱입니다.

HOW TO MAKE

1   볼에 다크 커버처 초콜릿과 버터를 담아주세요.

2   중탕이나 전자레인지에 녹인 후 주걱으로 섞어주세요.

3   다른 볼에 달걀을 가볍게 풀어준 후 흑설탕을 넣고 섞어주세요.

4   달걀의 부피가 2배가 되고, 거품기를 들었을 때 주르륵 흐를 때까지 휘핑해주세요.

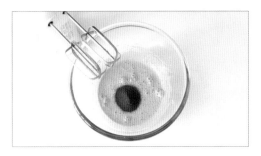

5 커피를 넣고 섞어주세요.

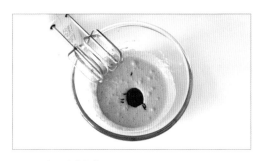

6 2를 넣고 섞어주세요.

7 주걱으로 가장자리를 정리해주면서 섞어주세요.

8 체에 친 중력분, 베이킹파우더, 소금을 넣고 섞어주세요.

9 냉장실에서 잠시 굳혀주세요.

10 주걱으로 섞어보았을 때 뭉치는 정도면 됩니다.

11 팬 위에 반죽을 스쿱으로 떠서 올려주세요.

12 굵게 다진 다크 초콜릿을 올려주고 일반 오븐에서 165℃
   11~12분, 컨벡션 오븐에서 160℃ 10분 구워주세요.

Tip
- 달걀 거품은 가볍게 떨어지는 정도가 될 때까지 휘핑해주세요.
- 반죽을 냉장실에서 너무 많이 굳히면 더 볼륨 있는 쿠키가 되고, 덜 굳히면 납작한 쿠키가 돼요. 냉장실에 넣어둔 반죽을 주걱으로 섞어가며 굳힌 정도를 확인해주세요.
- 장식용 초콜릿은 초콜릿칩보다 다크 커버처 초콜릿을 굵게 다져 올려주면 훨씬 모양이 자연스럽고 맛있는 쿠키를 만들 수 있어요.

오리지널 초콜릿칩 쿠키

초콜릿칩을 듬뿍 넣어 만든 기본 쿠키예요. 만들기가 쉽고 맛은 정말 좋은 쿠키입니다.
우유에 콕 찍어 먹으면 더 맛있게 즐길 수 있습니다.

오븐

일반 오븐 180℃ 11~13분
컨벡션 오븐 175℃ 11분

보관

실온 OPP 봉투에 포장 후 7일
냉장 OPP 봉투에 포장 후 밀폐용기에 넣어 15일
냉동 OPP 봉투에 포장 후 밀폐용기에 넣어 30일

재료

(12개 분량)

무염버터 85g, 황설탕 70g, 흰설탕 60g, 달걀 43g, 바닐라 익스트랙 1작은술, 박력분 80g, 중력분 65g,
베이킹소다 2.5g, 베이킹파우더 2g, 소금 1꼬집, 초콜릿칩 65g

★ 사용하는 도구는 4.5cm 스쿱입니다.

⇾ HOW TO MAKE ⇽

1 실온에 둔 버터를 부드럽게 풀어주세요.

2 황설탕과 흰설탕을 넣고 섞어주세요.

3 달걀을 넣고 버터와 잘 섞어주세요. 이때 설탕이 완전히 녹
   지 않아도 됩니다.

4 바닐라 익스트랙을 넣고 섞어주세요.

5 체에 친 박력분, 중력분, 베이킹소다, 베이킹파우더, 소금을
　　섞어주세요.

6 초콜릿칩을 넣고 섞어주세요.

7 완성된 반죽을 정리해줍니다.

8 스쿱으로 떠서 팬 위에 반죽을 올려주세요. 일반 오븐에서
　　180℃ 11~13분, 컨벡션 오븐에서 175℃ 11분 구워주세요.

Cookie

오트밀 코코넛 피칸 쿠키

오트밀, 코코넛, 피칸 등 여러 가지 견과류를 넣어 만든 건강 쿠키입니다.
아침 식사 대용으로도 손색이 없는 쿠키예요.

오븐

일반 오븐 180℃ 12~14분
컨벡션 오븐 175℃ 12분

보관

실온 OPP 봉투에 포장 후 7일
냉장 OPP 봉투에 포장 후 밀폐용기에 넣어 15일
냉동 OPP 봉투에 포장 후 밀폐용기에 넣어 30일

재료

(14~15개 분량)
무염버터 82g, 황설탕 75g, 흰설탕 75g, 달걀 42g, 바닐라 익스트랙 1/2작은술, 중력분 95g, 계핏가루 1g,
베이킹파우더 2g, 베이킹소다 1g, 오트밀 60g, 초콜릿칩 45g, 코코넛 30g, 피칸 60g

★ 사용하는 도구는 4.5cm 스쿱입니다.

⇻ HOW TO MAKE ⇺

1 피칸은 170℃에서 10분간 구워 식힌 후 잘게 다져주세요.

2 실온에 둔 버터를 부드럽게 풀어주세요.

3 황설탕과 흰설탕을 넣고 섞어주세요.

4 달걀을 넣고 버터와 잘 섞어주세요. 이때 설탕이 완전히 녹
   지 않아도 됩니다.

5 바닐라 익스트랙을 넣고 섞어주세요.

6 체에 친 중력분, 계핏가루, 베이킹파우더, 베이킹소다와 오트밀, 초콜릿칩, 코코넛, 다진 피칸을 넣고 섞어주세요.

7 완성된 반죽을 정리해주세요.

8 스쿱으로 떠서 팬 위에 반죽을 올려주세요. 일반 오븐에서 180℃ 12~14분, 컨벡션 오븐에서 175℃ 12분 구워주세요.

 Tip
• 코코넛은 코코넛롱과 코코넛가루 어떤 것을 넣어도 좋아요. 씹히는 식감을 원하면 코코넛롱으로,
  그렇지 않다면 코코넛가루를 넣으면 됩니다.
• 피칸을 굵게 다지면 밀가루와 섞었을 때 피칸 사이로 밀가루가 박혀 빠지지 않을 수 있어요.
  이럴 경우에는 모든 가루류를 섞고 마지막에 피칸을 넣고 살짝 섞어주세요.

카카오닙스 캐러멜 쿠키

쫀득한 캐러멜을 넣어 만든 캐러멜 쿠키에 카카오닙스를 올렸습니다.
캐러멜과 카카오닙스가 어우러져 색다른 맛을 즐길 수 있습니다.

일반 오븐 180℃ 12~14분
컨벡션 오븐 175℃ 12분

오븐

실온 OPP 봉투에 포장 후 7일
냉장 OPP 봉투에 포장 후 밀폐용기에 넣어 15일
냉동 OPP 봉투에 포장 후 밀폐용기에 넣어 30일

보관

재료

(12개 분량)
무염버터 85g, 황설탕 75g, 흰설탕 50g, 달걀 40g, 바닐라 익스트랙 1작은술, 중력분 140g, 옥수수전분 2g,
베이킹소다 2g, 카카오가루 2g, 소금 1꼬집, 카카오닙스 적당량
시판 밀크 캐러멜 12개

★ 사용하는 도구는 4.5cm 스쿱입니다.

⇒ HOW TO MAKE ⇐

1 실온에 둔 버터를 부드럽게 풀어주세요.

2 황설탕과 흰설탕을 넣고 섞어주세요.

3 달걀을 넣고 버터와 잘 섞어주세요. 이때 설탕이 완전히 녹
지 않아도 됩니다.

4 바닐라 익스트랙을 넣고 섞어주세요.

5 체에 친 중력분, 옥수수전분, 베이킹소다, 카카오가루, 소
금을 섞어주세요.

6 완성된 반죽을 정리해주세요.

7 스쿱으로 반죽을 떠서 중앙에 캐러멜을 눌러 깊이 넣어주
세요.

8 반죽을 다시 떠서 캐러멜을 덮어주세요.

9 팬 위에 올린 후 카카오닙스를 꼼꼼히 붙여주세요. 일반
오븐에서 180℃ 12~14분, 컨벡션 오븐에서 175℃ 12분 구
워주세요.

Tip
• 말랑말랑한 캐러멜 식감을 즐기고 싶다면 완성된 쿠키를 전자레인지에서 5~10초 돌린 후 드세요.
• 스쿱에 반죽을 떠서 캐러멜을 넣을 때 깊이 넣어주어야 캐러멜이 새어 나오지 않아요.

Cookie

콘 쿠키

옥수수가루에 옥수수콘을 넣어 바삭하고 쫀득한 식감을 즐길 수 있습니다.
계속 먹게 만드는 마성의 쿠키입니다.

⇒ HOW TO MAKE ⇐

1 옥수수 캔의 옥수수는 키친타월로 살짝 눌러 물기를 빼주세요.

2 실온에 둔 버터를 부드럽게 풀어주세요.

3 설탕을 넣고 버터와 섞어주세요.

4 달걀을 넣고 버터와 잘 섞어주세요. 이때 설탕이 완전히 녹지 않아도 됩니다.

5 체에 친 강력분, 옥수수가루, 베이킹파우더, 베이킹소다, 소금을 섞어주세요.

6 1의 옥수수를 넣고 섞어주세요.

7 완성된 반죽을 정리해줍니다.

8 스쿱으로 떠서 팬 위에 반죽을 올려주세요. 일반 오븐에서 180℃ 14~15분, 컨벡션 오븐에서 175℃ 12분 구워주세요.

Tip
옥수수의 물기는 확실하게 눌러 빼주어야 바삭한 쿠키를 만들 수 있어요.

루겔라흐

유대인들이 명절인 하누카에 전통적으로 만들어 먹던 쿠키입니다.
쿠키 반죽에 크림치즈, 잼, 견과류를 올려 돌돌 말아 파이 식감의 쿠키를 맛볼 수 있어요.

일반 오븐 175℃ 16~18분
컨벡션 오븐 170℃ 16~17분

오븐

실온 OPP 봉투에 포장 후 7일
냉장 OPP 봉투에 포장 후 밀폐용기에 넣어 15일
냉동 OPP 봉투에 포장 후 밀폐용기에 넣어 30일

보관

재료

(12개 분량)
무염버터 55g, 크림치즈 55g, 소금 1꼬집, 설탕 6g, 바닐라 익스트랙 1/2작은술, 중력분 80g
필링 살구잼 25g
다진 호두 5g, 설탕 4g, 카카오가루 1/4작은술, 계핏가루 1/4작은술

⇾ HOW TO MAKE ⇽

1 실온에 둔 크림치즈와 버터를 볼에 담아주세요.

2 소금, 설탕을 넣고 부드러워질 때까지 섞어주세요.

3 바닐라 익스트랙을 넣고 섞어주세요.

4 체에 친 중력분을 섞어주세요.

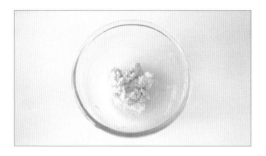

5 완성된 반죽을 정리해주세요.

6 원형으로 만들어 랩을 씌운 후 최소 3시간에서 하루 동안 냉장실에서 휴지해주세요.

7 충전물 재료인 다진 호두, 설탕, 카카오가루, 계핏가루를 넣고 섞어주세요.

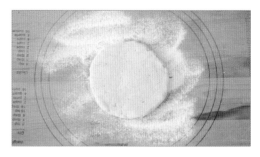

8 덧가루를 뿌리고 반죽을 올려주세요.

9 밀대로 지름 25cm가량으로 밀어주세요.

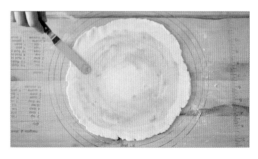

10 겉면과 중앙을 제외하고 반죽에 살구잼을 발라주세요.

11 그 위에 6의 충전물을 골고루 뿌려주세요.

12 4등분해주세요.

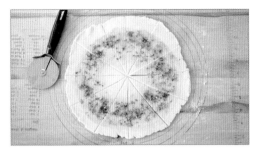

13 다시 조각마다 3등분하여 모두 12조각으로 만들어주세요.

14 양쪽 끝을 안쪽으로 접어주세요.

15 가장자리 쪽부터 안쪽으로 돌돌 말아주세요.

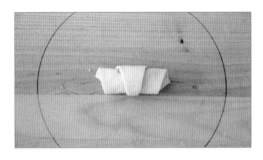

16 다 말아준 모습입니다.

17 12조각 모두 팬 위에 올려 약간 구부려주세요. 일반 오븐
에서 175℃ 16~18분, 컨벡션 오븐에서 170℃ 16~17분 구
위주세요.

Tip
- 잼과 충전물을 너무 많이 넣으면 겉이 지저분해지므로 적당히 넣어주세요.
- 돌돌 말아준 끝에 물을 조금 묻혀 붙여주면 구울 때 벌어지지 않아요.
- 반죽을 밀 때 원형으로 밀어주어야 일정한 모양으로 예쁘게 완성할 수 있습니다.
- 냉장실에서 휴지를 해주지 않으면 갈라지거나 질어지므로 충분히 휴지해주세요.
- 살구잼이 없다면 다른 잼으로 만들어도 됩니다.

버터쿠키 4종

아주 인기있는 버터 쿠키들입니다. 바닐라, 말차, 커피, 초코 등으로 만들어
틴케이스에 가지런히 담아 선물하기 좋은 쿠키예요.

PREPARATION

오븐

일반 오븐 175℃ 10~12분
컨벡션 오븐 170℃ 9~10분

보관

실온 밀폐용기에 넣어 7일
냉장 OPP 봉투에 포장 후 밀폐용기에 넣어 15일
냉동 OPP 봉투에 포장 후 밀폐용기에 넣어 30일

재료

(각 15~17개 분량)
무염버터 200g, 소금 2g, 슈가파우더 46g, 설탕 30g, 달걀 30g, 바닐라 익스트랙 1/3작은술
바닐라 박력분 43g, 옥수수전분 5g, 분유 5g, 아몬드가루 5g
말차 박력분 41g, 말차 2g, 옥수수전분 5g, 분유 5g, 아몬드가루 5g
초코 박력분 39g, 카카오가루 4g, 옥수수전분 5g, 분유 5g, 아몬드가루 5g
커피 박력분 43g, 옥수수전분 5g, 분유 5g, 아몬드가루 5g, 인스턴트커피가루 2g + 뜨거운 물 1/2작은술
★ 분유는 전지분유, 탈지분유 모두 가능합니다.

⇾ HOW TO MAKE ⇽

1 실온에 둔 버터를 부드럽게 풀어주세요.

2 소금, 슈가파우더, 설탕을 넣고 부드러워질 때까지 섞어주
세요.

3 달걀을 넣고 버터와 잘 섞어주세요.

4 바닐라 익스트랙을 넣고 섞어주세요.

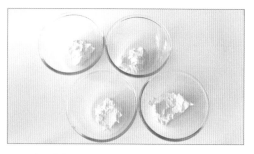

5 크림을 각각 4등분해서(각 75~77g) 볼에 담아주세요.

6 커피 쿠키의 경우 다른 볼에 인스턴트커피와 뜨거운 물을 넣고 섞어주세요.

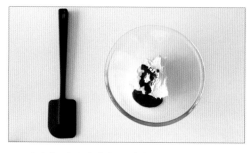

7 5의 버터크림 볼 하나에 6을 넣어주세요.

8 부드럽게 섞어주세요.

9 체에 친 분량의 가루를 4개의 볼에 각각 넣어주세요.

10 가루가 보이지 않을 때까지 부드럽게 섞어주세요.

11 짤주머니에 7구 별깍지(826k 번)를 끼고 반죽을 담아 팬 위에 짜주세요. 일반 오븐에서 175℃ 10~12분, 컨벡션 오 븐에서 170℃ 9~10분 구워주세요.

Tip
- 팬 위에 반죽을 짤 때 0.3cm 정도 위에서 짜주면 볼륨 있게 짤 수 있어요. 너무 바닥에 놓고 짜면 쿠키가 납작해집니다.
- 바닥에 마카롱 패턴 페이퍼 등을 댄 후 테프론시트를 올리고 짜면 일정한 크기로 짤 수 있습니다. 패턴 페이퍼가 없으면 깍지 뒷면을 대고 그린 후 작업해도 좋아요.
- 옥수수전분이 없으면 박력분으로 대체 가능합니다. 다만 쿠키 식감이 좀더 부드러워집니다.
- 보관할 때 습기제거제(실리카겔)를 함께 넣어주면 바삭함이 유지됩니다.

치즈 페퍼 샤브레

그냥 먹어도 맛있고 와인이나 맥주 안주로도 그만이에요. 치즈와 후추가
최고의 조화를 이루는 쿠키입니다.

PREPARATION

오븐

일반 오븐 180℃ 13~15분
컨벡션 오븐 175℃ 13~14분

보관

실온 OPP 봉투에 포장 후 7일
냉장 OPP 봉투에 포장 후 밀폐용기에 넣어 15일
냉동 OPP 봉투에 포장 후 밀폐용기에 넣어 30일

재료

(16~18개 분량)
무염버터 60g, 설탕 20g, 달걀 20g, 박력분 100g, 후추 1g, 파마산치즈 35g

⇾ HOW TO MAKE ⇽

1 실온에 둔 버터를 부드럽게 풀어주세요.

2 설탕을 넣고 섞어주세요.

3 달걀을 넣고 버터와 잘 섞어주세요.

4 체에 친 박력분, 후추, 파마산치즈를 넣어주세요.

5 주걱으로 가르듯 섞어주세요.

6 포슬포슬한 소보루 상태가 될 때까지 섞어주세요.

7 한 덩이가 되도록 손으로 뭉쳐주세요.

8 매끈한 반죽으로 정리해주세요.

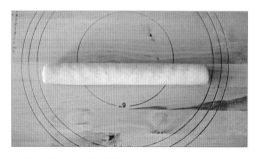

9 원통 모양으로 만들어주세요.

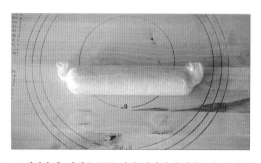

10 랩핑한 후 양옆을 돌돌 말아 단단하게 여며주세요. 냉동
   실에서 50분간 굳혀주세요.

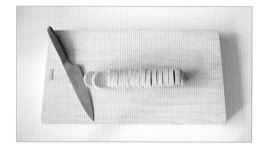

11 1cm 두께로 잘라주세요.

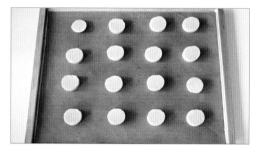

12 팬 위에 올려 일반 오븐에서 180℃ 13~15분, 컨벡션 오븐
   에서 175℃로 13~14분 구워주세요.

Tip
- 파마산치즈는 다른 가루와 섞어 체로 치면 뭉쳐지므로 따로 넣어주세요.
- 랩을 싸서 양끝을 단단히 여며주어야 중앙에 구멍이 생기지 않습니다.
- 샤브레의 바삭한 식감을 위해서 주걱보다는 손으로 빠르게 뭉쳐 모양을 만들어주는 게 좋습니다.
- 오래 냉동 보관할 경우 실온에서 15~20분간 둔 후 잘라주세요. 바로 자르면 다 부서집니다(여름에는 실온에 두는 시간을 짧게 해주세요).

포요틴 샤브레 샌드 쿠키

바삭한 크레페 포요틴 샤브레에 헤이즐넛 가나슈를 샌드해 진하고 바삭한 쿠키의 맛을 느낄 수 있습니다.
진한 초콜릿 맛을 느낄 수 있는 쿠키입니다.

오븐

일반 오븐 180℃ 11~12분
컨벡션 오븐 175℃ 10분

보관

실온 OPP 봉투에 포장 후 7일
냉장 OPP 봉투에 포장 후 밀폐용기에 넣어 15일
냉동 OPP 봉투에 포장 후 밀폐용기에 넣어 30일

재료

(7~8개 분량)
쿠키반죽 무염버터 80g, 설탕 45g, 소금 1꼬집, 아몬드가루 50g, 박력분 80g, 베이킹파우더 1g, 포요틴 35g
가나슈 다크 커버처 초콜릿 50g, 생크림 20g, 무염버터 10g, 헤이즐넛 페이스트 12g

→ HOW TO MAKE ←

1 실온에 둔 버터를 부드럽게 풀어주세요.

2 설탕과 소금을 넣고 섞어주세요.

3 체에 친 아몬드가루, 박력분, 베이킹파우더를 넣고 가루가
   조금 보일 때까지 섞어주세요.

4 포요틴을 넣고 섞어주세요.

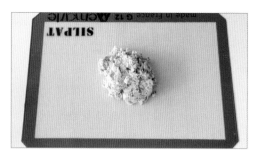

5 완성된 반죽을 실리콘패드에 올려주세요.

6 테프론시트나 유산지를 반죽 위에 올리고 밀대로 5mm
두께가 되도록 밀어준 후 30분간 냉동해주세요.

7 테프론시트를 벗겨주세요.

8 5.5cm 원형 쿠키커터로 찍어주세요.

9 팬 위에 올려주고 일반 오븐에서 180℃ 11~12분, 컨벡션
오븐에서 175℃ 10분 구워주세요.

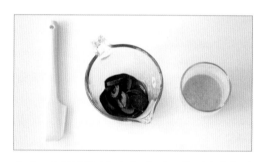

10 다크 커버처 초콜릿은 반 정도 녹이고, 생크림과 헤이즐넛
페이스트를 따뜻하게 데워 섞어주세요.

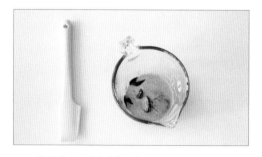

11 10을 합쳐 부드럽게 섞어주세요.

12 실온의 버터를 넣어 녹여주세요.

13 냉장실에 넣어 짜기 좋을 정도까지 굳혀주세요.

14 구운 쿠키는 짝을 맞춰 한쪽을 뒤집어주세요. 짤주머니에 13의 가나슈를 넣고 구워진 쿠키 바닥에 짜줍니다.

15 샌드해주세요.

 Tip
- 쿠키커터로 찍고 남은 반죽은 다시 뭉쳐서 밀어준 다음에 찍어주면 됩니다. 남은 반죽을 찍는 동안 팬 위에 올린 반죽은 냉장실에 잠시 넣어주세요.
- 가나슈를 냉장실에서 굳힐 때 중간중간 주걱으로 섞어주어야 골고루 굳혀집니다. 단, 너무 오래 굳히면 샌드했을 때 가나슈가 갈라지고, 너무 짧게 굳히면 샌딩하기 힘듭니다. 가나슈가 서서히 떨어질 정도만 굳혀주세요.
- 너무 굳었을 경우에는 전자레인지에 살짝 돌려서 사용하세요.
- 헤이즐넛 페이스트가 없는 경우에는 생략해도 됩니다.

피스타치오 쿠키

몸에 좋은 피스타치오가 듬뿍! 피스타치오 향이 마음을 사로잡습니다.
아이들은 물론 어른들도 무척 좋아하는 쿠키입니다.

PREPARATION

일반 오븐 180℃ 13~15분
컨벡션 오븐 175℃ 13분

오븐

실온 OPP 봉투에 포장 후 7일
냉장 OPP 봉투에 포장 후 밀폐용기에 넣어 15일
냉동 OPP 봉투에 포장 후 밀폐용기에 넣어 30일

보관

(21개 분량)
무염버터 110g, 피스타치오가루 50g, 바닐라 익스트랙 1/2작은술, 박력분 140g, 옥수수전분 25g,
베이킹파우더 1g, 소금 1꼬집, 설탕 110g, 피스타치오 65g

재료

⇢ HOW TO MAKE ⇠

1 피스타치오는 곱게 갈아주세요.

2 실온에 둔 버터를 부드럽게 풀어주세요.

3 2에 1의 피스타치오가루와 바닐라 익스트랙을 넣어주세
   요.

4 피스타치오가루가 보이지 않을 때까지 섞어주세요.

5 박력분, 옥수수전분, 베이킹파우더, 소금을 체친 후 넣고
　설탕도 넣어 섞어주세요.

6 피스타치오를 넣어주세요.

7 한 덩이가 되도록 손으로 뭉쳐주세요.

8 원통 모양으로 만들어주세요.

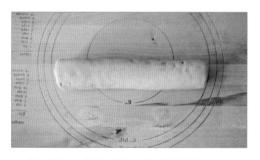

9 바닥에 둥글려서 매끈하게 모양을 잡아줍니다.

10 랩핑한 후 양옆을 돌돌 말아 단단히 여며주세요. 냉동실에
　서 1시간 정도 굳혀주세요.

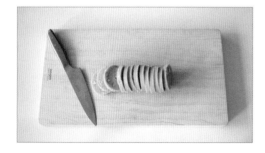

11 1.2cm 두께로 잘라주세요.

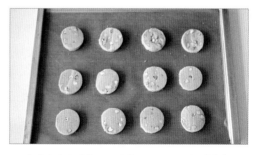

12 팬 위에 올려 일반 오븐에서 180℃ 13~15분, 컨벡션 오븐
　에서 175℃ 13분 구워주세요.

Tip
- 랩을 싸서 양끝을 단단히 여며주어야 중앙에 구멍이 생기지 않습니다.
- 샤브레의 바삭한 식감을 위해서 주걱보다는 손으로 빠르게 뭉쳐 모양을 만들어주는 게 좋습니다.
- 오래 냉동 보관할 경우 실온에서 15~20분간 둔 후 잘라주세요. 바로 자르면 다 부서집니다(여름에는 실온에 두는 시간을 짧게 해주세요).
- 견과류나 초콜릿칩을 넣어 만든 냉동 쿠키는 잘 드는 칼로 잘라야 깔끔하게 자를 수 있어요.

PART 3

까늘레

Cannelé

⇢까늘레 기초⇠

Cannelé

프랑스 보르도 지방의 명물인 까늘레는 럼과, 바닐라, 달걀 등을 넣어 만든 커스터드풍 과자입니다. 까늘레(cannelé)는 '세로홈을 판, 주름을 잡은, 골이 진, 골이 진 직물'이라는 뜻의 프랑스어입니다. 수녀원에서 플루트 모양의 세로로 홈이 있는 틀로 굽는다고 해서 '까늘레'라는 이름이 붙었다고 합니다.

- 설탕량을 줄이면 단단하면서 바삭한 껍질이 생기지 않습니다. 설탕이 타면서 갈색으로 코팅이 되어야 하는데 설탕을 줄이면 껍질이 검게 타버립니다.

- 휴지를 하는 이유는 우유 양이 많아서 반죽을 안정시켜야 위로 많이 부풀지 않습니다. 최소 하루는 휴지해주세요. 최대 7일간 냉장 보관한 후 구워도 됩니다.

- 휴지한 반죽은 바닥에 가라앉고 뭉쳐 있기 때문에 한 번 체에 걸러 사용하면 좋습니다.

- 우유에 바닐라빈을 넣고 끓이면 흩어지지 않고 뭉치기 때문에 설탕에 넣고 섞어주면 잘 풀어집니다.

- 모든 공정에서 휘핑할 때에는 최소한으로 천천히 해주어야 구웠을 때 많이 부풀어 오르지 않습니다.

- 너무 높은 온도에서 구우면 너무 과하게 부풀 수 있습니다. 틀에 따라 부풀어 오르는 정도가 달라지겠지만, 많이 부풀어 오른 까늘레는 일반 오븐 170℃에서 40분(컨벡션 오븐은 165℃에서 40분) 구울 때 20분 정도 남겨놓고 틀에서 뺀 후 마저 구우면 윗면까지 색이 나게 구울 수 있습니다.

- 레시피는 5.5cm 틀 기준입니다. 작은 틀로 만들 경우에는 책에 실린 시간보다 좀더 줄여주세요.

- 까늘레는 24시간이 유효기간입니다. 시간이 지나면 점점 수분을 먹어 눅눅해집니다. 이 경우에는 일반 오븐 160℃에서 틀에 넣지 않고 25~30분 구워주면 다시 겉은 딱딱하고 속은 부드러워집니다. 한 번 정도는 다시 구워 먹을 수 있지만 그 후에는 구웠을 경우 딱딱해집니다.

- 밀랍은 빨리 굳기 때문에 밀랍을 데워 코팅할 때는 약불에 올린 채로 데워가며 얇게 코팅하세요. 혹은 틀을 오븐에 데워 사용하면 틀 자체가 뜨거워지므로 밀랍을 데우면서 코팅하지 않아도 됩니다.

Cannele

바닐라 까늘레

겉은 바삭하면서 속은 부드럽고 촉촉하고, 바닐라와 럼주의 향을 느낄 수 있습니다.
커피와 곁들여도 좋지만 홍차와도 잘 어울려요.

HOW TO MAKE

1 냄비에 밀랍을 담고 중불에 올려줍니다.

2 완전히 녹여줍니다.

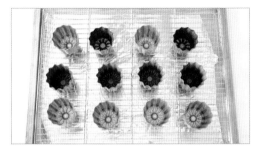

3 철판에 알루미늄 포일을 깔고 식힘망을 올린 후 틀을 뒤집
   어 올려주세요.

4 녹인 밀랍을 틀 하나에 부어준 후 사진과 같이 다른 틀에
   옮겨 담으며 코팅해주세요.

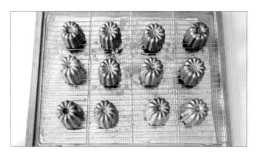

5 코팅한 틀은 바로 뒤집어서 여분의 밀랍을 제거해주세요.

6 바닐라빈은 갈라 씨를 발라주세요.

7 냄비에 우유와 바닐라빈 껍질을 넣고 중불에 올려주세요.
끓기 시작하면 불에서 내려 약 36℃(온기가 있는 정도)까
지 식혀주세요.

8 볼에 분량의 달걀과 달걀노른자를 풀어주세요.

9 설탕과 바닐라빈을 넣고 거품기로 천천히 섞어주세요.

10 뜨겁게 녹인 버터(50~60℃)를 넣고 섞어주세요.

11 럼주를 넣고 섞어주세요.

12 체에 친 박력분을 넣고 거품기로 천천히 섞어주세요.

13 7의 우유를 체에 걸러 넣어주세요.

14 거품기로 천천히 섞어주세요.

15 랩을 씌운 후 냉장실에서 하루 동안 휴지해주세요.

16 휴지한 반죽을 꺼내 주걱으로 가볍게 아래에서 위로 섞어 주세요.

17 반죽을 체로 걸러주세요.

18 밀랍으로 코팅한 틀 1cm 아래까지 반죽을 부어주세요. 일반 오븐에서 185℃ 30분, 170℃ 40분, 컨벡션 오븐에서 180℃ 30분, 165℃ 40분 구워주세요.

말차 까늘레

작고 독특한 모양이 어떤 맛일지 궁금하게 만듭니다.
한입 베어물면 말차의 쌉싸름함과 풍미를 느낄 수 있어요.

PREPARATION

오븐

일반 오븐 185℃ 30분, 170℃ 40분
컨벡션 오븐 180℃ 30분, 165℃ 40분

보관

실온 당일

재료

(5.5cm 7개 분량)
밀랍 적당량
우유 250g, 달걀 55g, 달걀노른자 25g, 설탕 125g, 바닐라빈 1/2개, 버터 25g, 럼주 30g, 박력분 46g,
말차가루 4g

⟩ HOW TO MAKE ⟨

1 냄비에 밀랍을 담고 중불에 올려줍니다.

2 완전히 녹여줍니다.

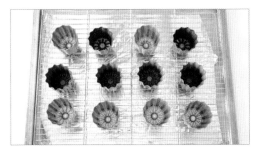

3 철판에 알루미늄 포일을 깔고 식힘망을 올린 후 틀을 뒤집
어 올려주세요.

4 녹인 밀랍을 틀 하나에 부어준 후 사진과 같이 다른 틀에
옮겨 담으며 코팅해주세요.

5 코팅한 틀은 바로 뒤집어서 여분의 밀랍을 제거해주세요.

6 바닐라빈은 갈라 씨를 발라주세요.

7 냄비에 우유와 바닐라빈 껍질을 넣고 중불에 올려주세요. 끓기 시작하면 불에서 내려 약 36℃(온기가 있는 정도)까지 식혀주세요.

8 볼에 분량의 달걀과 달걀노른자를 풀어주세요.

9 설탕과 바닐라빈을 넣고 거품기로 천천히 섞어주세요.

10 뜨겁게 녹인 버터(50~60℃)를 넣고 섞어주세요.

11 럼주를 넣고 섞어주세요.

12 체에 친 박력분과 말차가루를 넣고 거품기로 천천히 섞어주세요.

13 7의 우유를 체에 걸러 넣어주세요.

14 거품기로 천천히 섞어주세요.

15 랩을 씌운 후 냉장실에서 하루 동안 휴지해주세요.

16 휴지한 반죽을 꺼내 주걱으로 가볍게 아래에서 위로 섞어 주세요.

17 반죽을 체로 걸러주세요.

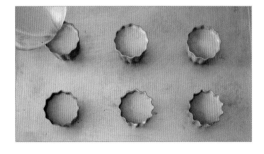

18 밀랍으로 코팅한 틀 1cm 아래까지 반죽을 부어주세요. 일반 오븐에서 185℃ 30분, 170℃ 40분, 컨벡션 오븐에서 180℃ 30분, 165℃ 40분 구워주세요.

밀크티 까늘레

얼그레이를 진하게 우려 향미와 부드러움을 가득 품은 까늘레입니다.
한 번 맛보면 그 향긋함에 반하게 될 거예요.

PREPARATION

오븐

일반 오븐 185℃ 30분, 170℃ 40분
컨벡션 오븐 180℃ 30분, 165℃ 40분

보관

실온 당일

재료

(5.5cm 7개 분량)
밀랍 적당량
우유 260g, 얼그레이 티백 2개, 바닐라빈 1/2개, 달걀 55g, 달걀노른자 25g, 설탕 125g, 버터 25g, 럼주 30g,
박력분 50g

⇾ HOW TO MAKE ⇽

1 냄비에 밀랍을 담고 중불에 올려줍니다.

2 완전히 녹여줍니다.

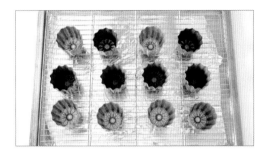

3 철판에 알루미늄 포일을 깔고 식힘망을 올린 후 틀을 뒤집
어 올려주세요.

4 녹인 밀랍을 틀 하나에 부어준 후 사진과 같이 다른 틀에
옮겨 담으며 코팅해주세요.

5 코팅한 틀은 바로 뒤집어서 여분의 밀랍을 제거해주세요.

6 바닐라빈은 갈라 씨를 발라주세요.

7 냄비에 우유, 얼그레이 티백, 바닐라빈 껍질을 넣고 중불에
올려주세요. 끓기 시작하면 불에서 내려주세요.

8 뚜껑을 덮고 36℃까지 식히면서 우려주세요.

9 볼에 분량의 달걀과 달걀노른자를 풀어주세요.

10 설탕과 바닐라빈을 넣고 거품기로 천천히 섞어주세요.

11 뜨겁게 녹인 버터(50~60℃)를 넣고 섞어주세요.

12 럼주를 넣고 섞어주세요.

13 체에 친 박력분을 넣고 거품기로 천천히 섞어주세요.

14 13에 8의 우유를 체에 걸러 넣어주세요.

15 얼그레이 티백을 주걱으로 눌러 여분의 우유를 빼주세요.

16 거품기로 천천히 섞어주세요.

17 랩을 씌운 후 냉장실에서 하루 동안 휴지해주세요.

18 휴지한 반죽을 꺼내 주걱으로 가볍게 아래에서 위로 섞어
주세요.

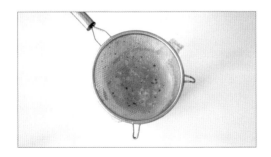

19 반죽을 체로 걸러주세요.

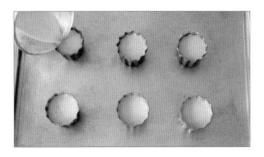

20 밀랍으로 코팅한 틀 1cm 아래까지 반죽을 부어주세요.
일반 오븐에서 185℃ 30분, 170℃ 40분, 컨벡션 오븐에서
180℃ 30분, 165℃ 40분 구워주세요.

Cannele

쇼콜라 까늘레

초콜릿의 달콤 쌉쌀함이 푸딩처럼 부드러운 까늘레의 맛을 한층 더 진하게 해주어요.
계속 생각나게 만드는 중독성이 있는 까늘레예요.

오븐

일반 오븐 185℃ 30분, 170℃ 40분
컨벡션 오븐 180℃ 30분, 165℃ 40분

보관

실온 당일

재료

(5.5cm 7개 분량)
밀랍 적당량
우유 260g, 바닐라빈 1/2개, 달걀 55g, 달걀노른자 25g, 설탕 125g, 버터 25g, 럼주 30g, 박력분 40g,
카카오가루 10g

⇉ HOW TO MAKE ⇇

1 냄비에 밀랍을 담고 중불에 올려줍니다.

2 완전히 녹여줍니다.

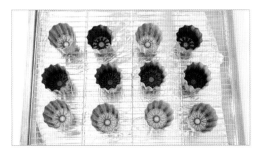

3 철판에 알루미늄 포일을 깔고 식힘망을 올린 후 틀을 뒤집
   어 올려주세요.

4 녹인 밀랍을 틀 하나에 부어준 후 사진과 같이 다른 틀에
   옮겨 담으며 코팅해주세요.

5　코팅한 틀은 바로 뒤집어서 여분의 밀랍을 제거해주세요.

6　바닐라빈은 갈라 씨를 발라주세요.

7　냄비에 우유와 바닐라빈 껍질을 넣고 중불에 올려주세요. 끓기 시작하면 불에서 내려 약 36℃(온기가 있는 정도)까지 식혀주세요.

8　볼에 분량의 달걀과 달걀노른자를 풀어주세요.

9　설탕과 바닐라빈을 넣고 거품기로 천천히 섞어주세요.

10 뜨겁게 녹인 버터(50~60℃)를 넣고 섞어주세요.

11 럼주를 넣고 섞어주세요.

12 체에 친 박력분과 카카오가루를 넣고 거품기로 천천히 섞어주세요.

13 12에 7의 우유를 체에 걸러 넣어주세요.

14 거품기로 천천히 섞어주세요.

15 랩을 씌운 후 냉장실에서 하루 동안 휴지해주세요.

16 휴지한 반죽을 꺼내 주걱으로 가볍게 아래에서 위로 섞어
주세요.

17 반죽을 체로 걸러주세요.

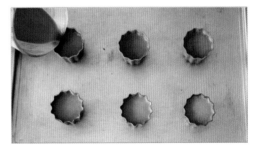

18 밀랍으로 코팅한 틀 1cm 아래까지 반죽을 부어주세요.
일반 오븐에서 185℃ 30분, 170℃ 40분, 컨벡션 오븐에서
180℃ 30분, 165℃ 40분 구워주세요.

PART 4

스콘&트레이베이크

Scone & Tray Bake

스콘 기초

Scone

- 차가운 버터와 우유, 요거트, 달걀을 사용해주세요.

- 액체류는 작업대에서 스크래퍼로 뭉쳐주는 게 스콘의 결을 더 낼 수 있어요. 액체류까지 푸드 프로세서로 섞으면 너무 과하게 섞여서 결을 내기 어렵고 식감도 약간 푸석해집니다.

- 밀대로 밀 때 달라붙지 않게 덧가루를 뿌리는데, 여분의 덧가루는 솔로 털어내야 식감이 좋아 져요.

- 스콘 반죽 윗면에 자연스럽게 색을 내고 싶다면 달걀물을 발라주면 좋아요.

- 스콘 모양은 네모, 세모 등 취향대로 만들어보세요.

- 스콘은 베이킹파우더가 많이 들어갑니다. 알루미늄 프리 제품을 쓰면 쓴맛이 나지 않는 스콘 을 만들 수 있어요.

- 스콘을 냉동 보관한 경우 실온에서 해동 후 오븐에서 따뜻하게 데워 먹으면 맛있습니다.

- 푸드프로세서가 없는 분들은 스크래퍼로 작업해주시면 됩니다.

흑설탕 호두 롤 스콘

스콘의 고정관념을 깨고 달팽이 모양으로 둥글게 말아 구운 스콘입니다. 흑설탕과 고소하게 구운
호두까지 어우러진 바삭 달콤한 스콘이에요.

PREPARATION

오븐	일반 오븐 200℃ 17∼20분 컨벡션 오븐 190℃ 15∼16분	보관	실온 밀폐용기나 OPP 봉투에 넣어 2일 냉동 OPP 봉투에 포장 후 밀폐용기에 넣어 15일

재료 (9개 분량)
박력분 200g, 설탕 20g, 베이킹파우더 8g, 무염버터 70g, 우유 65g, 플레인요거트 40g, 흑설탕 40g, 호두 25g

⇾ HOW TO MAKE ⇽

1 호두는 170℃ 일반 오븐에서 10분간 구워 식힌 후 다져주
세요.

2 흑설탕과 1의 호두를 섞어주세요.

3 푸드프로세서에 박력분, 설탕, 베이킹파우더를 담고 한 번
돌려 섞어주세요.

4 버터를 잘라 넣어주세요.

5 버터가 팥알보다 작게 갈릴 때까지 돌려주세요.

6 작업대에 5를 올리고 중앙에 홈을 파주세요. 우유와 플레인 요거트를 섞은 후 홈에 넣어주세요.

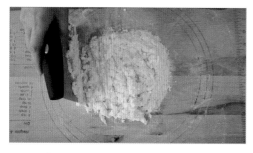

7 스크래퍼로 섞어주세요.

8 가루가 약간 보일 때까지만 섞어줍니다.

9 한 덩이로 뭉쳐주세요.

10 덧가루를 뿌리고 세로 27cm, 가로 20cm로 밀어주세요.

11 3면은 1cm 정도, 말아줄 면은 3cm 정도 남기고 2의 흑설탕과 호두 섞은 것을 뿌려주세요.

12 약간 타이트하게 말아주세요.

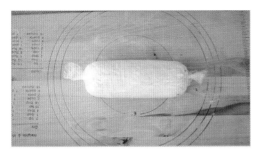

13 랩으로 싸서 냉동실에서 1시간 휴지합니다.

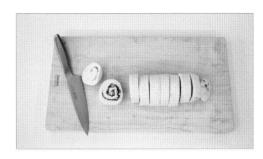

14 2cm 두께로 잘라주세요.

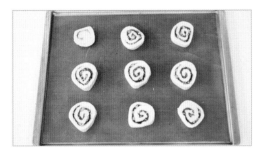

15 팬 위에 올려 일반 오븐에서 200℃ 17~20분, 컨벡션 오븐
에서 190℃ 15~16분 구워주세요.

라즈베리 롤 스콘

스콘에 잼을 발라 먹을 필요 없이 잼을 발라 돌돌말아 구워 더욱 상큼하고 맛있는 스콘이에요.

오븐

일반 오븐 200℃ 17~20분
컨벡션 오븐 190℃ 15~16분

보관

실온 밀폐용기나 OPP 봉투에 넣어 2일
냉동 OPP 봉투에 포장 후 밀폐용기에 넣어 15일

재료

(9개 분량)
박력분 200g, 설탕 20g, 베이킹파우더 8g, 무염버터 70g, 우유 65g, 플레인요거트 40g, 라즈베리 잼 70g

⟶ HOW TO MAKE ⟵

1 푸드프로세서에 박력분, 설탕, 베이킹파우더를 담고 한 번
   돌려 섞어주세요.

2 버터를 잘라 넣어주세요.

3 버터가 팥알보다 작게 갈릴 때까지 돌려주세요.

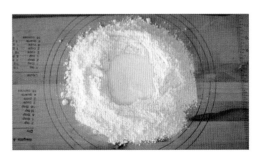

4 작업대에 3을 올리고 중앙에 홈을 파주세요. 우유와 플레
   인 요거트를 섞은 후 홈에 넣어주세요.

5 스크래퍼로 섞어주세요.

6 가루가 약간 보일 때까지만 섞어줍니다.

7 한 덩이로 뭉쳐주세요.

8 덧가루를 뿌리고 세로 27cm, 가로 20cm로 밀어 3면은 1cm 정도, 말아줄 면은 3cm 정도 남기고 라즈베리 잼을 발라주세요.

9 약간 타이트하게 말아주세요.

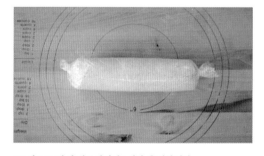

10 랩으로 싸서 냉동실에서 1시간 휴지합니다.

11 2cm 두께로 잘라주세요.

12 팬 위에 올려 일반 오븐에서 200℃ 17~20분, 컨벡션 오븐에서 190℃ 15~16분 구워주세요.

크랜베리 화이트 초콜릿칩 스콘

일부러 모양을 잡지 않고 자연스럽게 뚝뚝 떠서 올려 구워서
완성된 제품 외양이 매력적이에요.

PREPARATION

 일반 오븐 200℃ 17~20분
오븐 **컨벡션 오븐** 190℃ 15~16분

 실온 밀폐용기나 OPP 봉투에 넣어 2일
보관 **냉동** OPP 봉투에 포장 후 밀폐용기에 넣어 15일

 (9~10개 분량)
재료 박력분 250g, 설탕 80g, 베이킹파우더 8g, 무염버터 75g, 달걀 100g, 우유 35g, 크랜베리 50g,
화이트 초콜릿칩 45g

⋟ HOW TO MAKE ⋞

1 크랜베리는 뜨거운 물에 담가 10분간 불려주세요.

2 키친타월에 올려 물기를 제거해주세요.

3 푸드프로세서에 박력분, 설탕, 베이킹파우더를 담고 한 번
   돌려 섞어주세요.

4 버터를 잘라 넣어주세요.

5 버터가 팥알보다 작게 갈릴 때까지 돌려주세요.

6 작업대에 5를 올리고 중앙에 홈을 파주세요. 달걀과 우유를 넣어주세요.

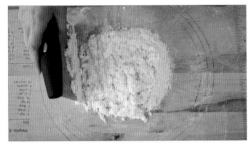

7 스크래퍼로 섞어주세요.

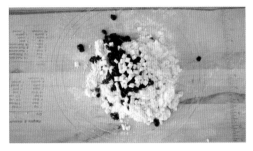

8 크랜베리와 화이트 초콜릿칩을 섞어주세요.

9 가루가 약간 보일 때까지만 섞어줍니다.

10 랩을 씌워 1시간 냉장실에서 휴지해주세요.

11 스푼으로 떠서 올려 일반 오븐에서 200℃ 17~20분, 컨벡션 오븐에서 190℃ 15~16분 구워주세요.

올리브 치즈 스콘

올리브와 콜비잭치즈를 듬뿍 넣어 흘러내린 치즈 때문에 더 먹음직스러워 보이는 스콘이에요.
결이 살아있어 파이 식감인 듯하지만 겉은 바삭하고 속은 부드러워 음료 없이도 먹을 수 있는 스콘입니다.

오븐　　**일반 오븐** 200℃ 17~19분
　　　　　　컨벡션 오븐 190℃ 17~18분

 보관　　**실온** 밀폐용기나 OPP 봉투에 넣어 2일
　　　　　　냉동 OPP 봉투에 포장 후 밀폐용기에 넣어 15일

 재료　　(6개 분량)
박력분 190g, 강력분 50g, 설탕 20g, 소금 2g, 베이킹파우더 8g, 무염버터 70g, 플레인요거트 70g, 우유 55g, 체더치즈(콜비잭치즈) 65g, 블랙 올리브 50g

⟩ HOW TO MAKE ⟨

1 체더치즈는 썰거나 갈아주세요.

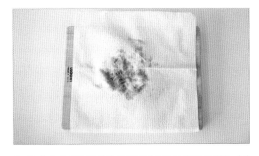

2 블랙 올리브를 적당히 썰어 키친타월에 올려 물기를 제거
해주세요.

3 푸드프로세서에 박력분, 강력분, 설탕, 소금, 베이킹파우더
를 담고 한 번 돌려 섞어주세요.

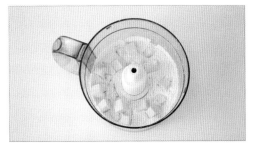

4 버터를 잘라 넣어주세요.

5 　버터가 팥알보다 작게 갈릴 때까지 돌려주세요.

6 　작업대에 5를 올리고 중앙에 홈을 파주세요. 우유와 플레인 요거트를 섞어 넣어주세요.

7 　스크래퍼로 섞어주세요.

8 　체더치즈와 블랙 올리브를 넣고 가루가 약간 보일 때까지만 섞어줍니다.

9 　한 덩이로 뭉쳐주세요.

10 덧가루를 뿌리고 반죽을 길게 밀어준 후 반으로 잘라주세요.

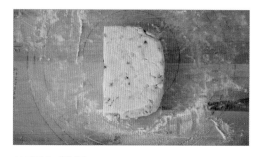

11 겹쳐 올려주세요.

12 다시 밀대로 밀어주세요.

13 다시 반으로 잘라주세요.

14 겹쳐 올려준 후 2.5~2.7cm 두께의 직사각형으로 만들어
주세요.

15 랩핑한 후 냉장실에서 1시간 휴지합니다.

16 사방을 잘라주세요.

17 6등분해주세요.

18 우유를 발라 일반 오븐에서 200℃ 17~19분, 컨벡션 오븐
에서 190℃ 17~18분 구워주세요.

얼그레이 오렌지 스콘

오렌지의 시트러스한 맛과 홍찻잎에 베르가못 오렌지 껍질에서 추출한 오일을 첨가하여 만든
가향홍차인 얼그레이의 조합 그래서인지 풍부한 오렌지향을 더욱 느낄 수 있는 스콘입니다.

오븐

일반 오븐 200℃ 17~19분
컨벡션 오븐 190℃ 17~18분

보관

실온 밀폐용기나 OPP 봉투에 넣어 2일
냉동 OPP 봉투에 포장 후 밀폐용기에 넣어 15일

재료

(6개 분량)
강력분 50g, 박력분 200g, 설탕 40g, 소금 1꼬집, 얼그레이 티백 1개, 베이킹파우더 8g, 무염버터 60g,
달걀(52~53g) 1개, 우유 37g, 플레인요거트 50g, 오렌지필 30g

⇢ HOW TO MAKE ⇠

1 푸드프로세서에 강력분, 박력분, 설탕, 소금, 얼그레이 티
백, 베이킹파우더를 담고 한 번 돌려 섞어주세요.

2 버터를 잘라 넣어주세요.

3 버터가 팥알보다 작게 갈릴 때까지 돌려주세요.

4 작업대에 3을 올리고 중앙에 홈을 파주세요. 달걀, 우유,
플레인요거트를 섞은 후 홈에 넣어주세요.

5 스크래퍼로 섞어주세요.

6 오렌지필을 넣고 가루가 약간 보일 때까지만 섞어줍니다.

7 한 덩이로 뭉쳐주세요.

8 덧가루를 뿌리고 반죽을 길게 밀어주세요.

9 반으로 잘라주세요.

10 겹쳐 올려주세요.

11 다시 밀대로 밀어주세요.

12 다시 반으로 잘라주세요.

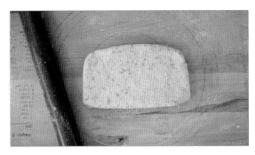

13 겹쳐 올린 후 2.5~2.7cm 두께의 직사각형으로 만들어주세요.

14 랩핑한 후 냉장실에서 1시간 휴지합니다.

15 사방을 잘라주세요.

16 6등분해주세요.

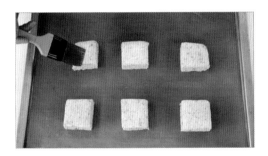

17 우유를 발라 일반 오븐에서 200℃ 17~19분, 컨벡션 오븐에서 190℃ 17~18분 구워주세요.

콩고물 콩조림 쑥 스콘

쑥과 콩은 낯선 조합이지만 의외로 잘 어울려요.
콩고물 크럼블까지 듬뿍 올려 구워 담백하고 달콤한 스콘입니다.

⇀ HOW TO MAKE ↽

1 푸드프로세서에 박력분, 쑥가루, 설탕, 소금, 베이킹파우
　더를 담고 한 번 돌려 섞어주세요.

2 버터를 잘라 넣어주세요.

3 버터가 팥알보다 작게 갈릴 때까지 돌려주세요.

4 작업대에 3을 올리고 중앙에 홈을 파주세요. 우유와 달걀
　을 섞은 후 홈에 넣어주세요.

5 스크래퍼로 섞어주세요.

6 콩조림을 넣고 가루가 약간 보일 때까지만 섞어줍니다.

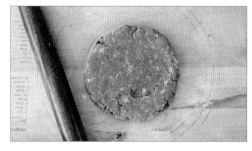

7 한 덩이로 뭉쳐 덧가루를 뿌리고 2.5~2.7㎝ 두께로 둥글게 밀어주세요.

8 랩핑한 후 냉장실에서 1시간 휴지해주세요.

9 볼에 콩가루 크럼블 재료를 모두 담아주세요.

10 거품기로 저어주세요.

11 계속 저어주면 가루가 버터와 섞이게 됩니다.

12 크럼블이 뭉칠 때까지 섞어주세요.

13 8의 휴지한 반죽에 12의 크럼블을 올려주세요.

14 8등분으로 잘라주세요.

15 팬 위에 올려 일반 오븐에서 185℃ 18~20분, 컨벡션 오븐
   에서 180℃ 15~18분 구워주세요.

말차 치즈케이크 브라우니

말차의 진하고 부드러움과 브라우니의 꾸덕함이 잘 어울립니다.
아메리카노 커피를 곁들여 한입 베어 물면 환상적인 맛을 느낄 수 있어요.

PREPARATION

오븐

일반 오븐 175℃ 22~25분
컨벡션 오븐 170℃ 20~23분

보관

실온 밀폐용기나 OPP 봉투에 넣어 2일
냉장 OPP 봉투에 포장 후 밀폐용기에 넣어 3~4일
냉동 OPP 봉투에 포장 후 밀폐용기에 넣어 15일

재료

말차 치즈케이크 크림치즈 200g, 설탕 50g, 달걀노른자 1개, 레몬즙 1/4작은술, 말차가루 7g
브라우니 다크 커버처 초콜릿 160g, 버터 85g, 설탕 100g, 달걀 2개, 중력분 75g, 카카오가루 4g, 소금 1꼬집
★사용하는 도구는 20cm 사각틀이며, 달걀은 중간 크기(52~53g)를 사용하세요.

준비

버터, 크림치즈, 달걀은 실온에 둡니다.
20cm 사각팬에 유산지를 깔아놓습니다.
중력분, 카카오가루, 소금은 체로 쳐놓습니다.

⇾ HOW TO MAKE ⇽

1 크림치즈를 부드럽게 풀어주세요.

2 설탕을 넣고 섞어주세요.

3 달걀노른자를 넣고 섞어주세요.

4 레몬즙을 넣어주세요.

5　체에 친 말차를 넣고 섞어주세요.

6　다른 볼에 다크 커버처 초콜릿을 넣고 전자레인지나 중탕
　　으로 거의 녹인 후 실온에 둔 버터를 넣고 같이 녹여주세
　　요.

7　설탕을 넣고 섞어주세요.

8　달걀을 1개씩 넣으며 섞어주세요.

9　체에 친 중력분, 카카오가루, 소금을 8에 넣고 섞어주세요.

10 유산지를 깐 팬에 9의 브라우니 반죽을 2/3 넣고 평평하게
　　펴주세요.

11 5의 말차 치즈케이크 반죽을 넣고 펴주세요.

12 남은 브라우니 반죽을 수저로 떠서 듬성듬성 올려주세요.

13 작은 스패튤러나 젓가락 등으로 모양을 내주세요.

14 일반 오븐에서 175℃ 22~25분, 컨벡션 오븐에서 170℃ 20~23분 구워주세요. 실온에서 충분히 식힌 후 틀에서 제거해주세요.

Tip
- 브라우니 온도가 너무 내려가지 않게 작업해주세요. 너무 걸쭉해졌다면 따뜻한 물을 받쳐 온도를 올리고 작업해주세요.
- 반죽 온도가 낮으면 브라우니 반죽과 말차 치즈케이크 반죽이 잘 섞이지 않습니다.
- 마블 모양을 낼 때에는 신속하고 크게 그려야 모양이 선명하고 예쁩니다.

캐러멜 바나나 크럼블 바

촉촉한 바나나케이크 반죽에 캐러멜라이즈한 바나나와 달콤하고 바삭한 크럼블을 올려 자연스럽게
썰어 내어 놓는 디저트입니다. 바나나의 진정한 맛을 느낄 수 있는 케이크예요.

PREPARATION

일반 오븐 175℃ 39~43분
컨벡션 오븐 170℃ 35~37분

오븐

실온 밀폐용기나 OPP 봉투에 넣어 2일
냉장 OPP 봉투에 포장 후 밀폐용기에 넣어 3~4일
냉동 OPP 봉투에 포장 후 밀폐용기에 넣어 15일

보관

반죽 버터 70g, 크림치즈 40g, 설탕 70g, 달걀 70g, 바닐라 익스트랙 1작은술, 바나나(중간 크기) 1개,
　　　박력분 150g, 베이킹파우더 3g, 소금 1꼬집
크럼블 아몬드가루 30g, 박력분 45g, 버터 37g, 황설탕 45g
캐러멜라이즈 바나나 바나나(중간 크기) 2개, 버터 10g, 설탕 25g

재료

★ 사용하는 도구는 20cm 사각틀입니다.

버터, 크림치즈, 달걀은 실온에 둡니다.
20cm 사각팬에 유산지를 깔아놓습니다.
박력분, 베이킹파우더, 소금은 체쳐놓습니다.

준비

⇢ HOW TO MAKE ⇠

★ 크럼블 만들기는 63쪽 콩가루 세서미 머핀을 참고하세요.

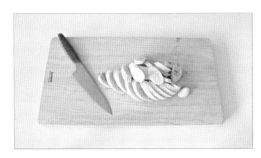

1 바나나는 0.6cm 두께로 썰어주세요.

2 냄비에 설탕을 올리고 약불에서 녹여주세요.

3 갈색이 되면 버터를 넣고 녹여주세요.

4 1의 바나나를 넣고 부서지지 않게 섞어주세요.

5 다 섞이면 불을 끄고 식혀주세요.

6 다른 볼에 실온에 둔 버터와 크림치즈를 넣고 부드럽게 풀어주세요.

7 설탕을 넣고 미색이 돌 때까지 섞어주세요.

8 달걀을 3~4회에 나누어 넣고 버터의 부피가 2배가 되고 윤기가 돌 때까지 섞어주세요.

9 바닐라 익스트랙을 넣어주세요.

10 체에 친 박력분, 베이킹파우더, 소금을 섞고 1/2만 9에 넣고 섞어주세요.

11 볼에 바나나를 담고 포크로 으깨주세요.

12 10에 11을 넣고 섞어주세요.

13 남은 가루를 넣고 섞어주세요.

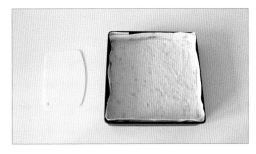

14 팬에 반죽을 넣고 스크래퍼로 평평하게 정리해주세요.

15 5의 식혀놓은 캐러멜라이즈 바나나를 올려주세요.

16 크럼블을 올려 일반 오븐에서 175℃ 39~43분, 컨벡션 오 븐에서 170℃ 35~37분 구워주세요.

Tip

• 크럼블은 만들어놓고 냉동 상태에서 올려주어야 퍼지지 않고 예쁘게 구울 수 있어요.

• 바나나를 너무 얇게 썰면 부서지기 쉬우니 주의하세요.

• 캐러멜라이즈 바나나는 색을 조금 어둡게 해주는 것이 맛도 좋고 모양도 좋아요.
  설탕이 갈색이 될 때까지 태워주는 게 포인트입니다.

• 11의 바나나는 미리 으깨어놓으면 갈변이 되기 때문에 넣기 직전에 으깨어주는 것이 좋아요.

허니 스트로베리 바

바삭하게 부서지는 식감의 파트브리제 반죽에 새콤달콤한 딸기 과즙이 듬뿍 베어 있는 스트로베리바입니다.
꿀을 올려 그 달콤함을 더 진하게 느낄 수 있어요.

PREPARATION

 오븐
일반 오븐 170℃ 27~30분
컨벡션 오븐 170℃ 20~22분

 보관
실온 밀폐용기나 OPP 봉투에 넣어 2일
냉장 OPP 봉투에 포장 후 밀폐용기에 넣어 3~4일
냉동 OPP 봉투에 포장 후 밀폐용기에 넣어 15일

 재료
크러스트 차가운 버터 100g, 박력분 200g, 설탕 40g, 소금 2꼬집, 달걀 1개, 우유 25g
딸기잼 30g, 딸기 13~15개, 꿀 적당량, 다진 피스타치오 적당량

★ 사용하는 도구는 20cm 사각틀이며, 달걀은 중간 크기(52~53g)를 사용하세요.

 준비
20cm 사각팬에 유산지를 깔아놓습니다.
박력분, 소금은 체쳐놓습니다.
딸기는 5mm 두께로 썰어놓습니다.

⇒ HOW TO MAKE ⇐

1 푸드프로세서에 박력분, 설탕, 소금을 넣어 한 번 돌려 섞어주세요. 차가운 버터를 큐브로 잘라 넣고 pulse 버튼을 눌러 섞어주세요.

2 버터가 가루와 완전히 섞이면 차가운 달걀과 우유를 넣어주세요.

3 살짝 뭉친 듯 보일 때까지 푸드프로세서를 돌려주세요.

4 3을 팬에 넣어주세요.

5 손으로 평평하게 눌러주세요.

6 유산지를 올려주세요.

7 누름돌을 올리고 일반 오븐에서 175℃ 13~15분, 컨벡션 오븐에서 175℃ 12분 구워주세요.

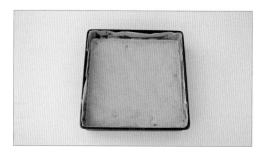

8 누름돌을 제거하고 일반 오븐에서 175℃ 13~15분, 컨벡션 오븐에서 175℃ 13분 구워주세요.

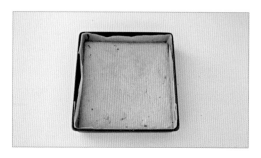

9 다 구워진 크러스트는 팬째 식혀주세요.

10 키친타월로 썰어놓은 딸기의 물기를 제거해주세요.

11 9의 크러스트에 딸기잼을 발라주세요.

12 10의 딸기를 올려준 후 일반 오븐에서 170℃ 27~30분, 컨벡션 오븐에서 170℃ 20~22분 구워주세요.

13 식힘망에 틀째로 올리고 충분히 식힌 후 틀에서 빼내어 꿀 14 다진 피스타치오를 뿌려 마무리합니다.
　 을 발라주세요.

Tip
　• 딸기를 너무 얇게 썰면 식감이 살지 않아요. 어느 정도 식감이 있게 0.5cm 두께로 썰어주세요.
　• 딸기는 구우면 크기가 줄어드니 촘촘하게 올려주세요.
　• 푸드프로세서가 없는 경우에는 스크래퍼로 버터를 다져가며 작업해도 됩니다.

오렌지 바닐라 케이크

바닐라 시럽에 졸인 오렌지의 달달한 맛과 풍부한 시트러스향이 일품이고, 촉촉하고 가벼운 식감이
매력적입니다. 하루 지나면 더욱 깊은 맛을 느낄 수 있어요.

PREPARATION

오븐

일반 **오븐** 175℃ 23~25분
컨벡션 오븐 170℃ 21~23분

보관

실온 밀폐용기나 OPP 봉투에 넣어 2일
냉장 OPP 봉투에 포장 후 밀폐용기에 넣어 3~4일
냉동 OPP 봉투에 포장 후 밀폐용기에 넣어 15일

재료

바닐라 오렌지 오렌지 3개, 물 400g, 설탕 200g, 바닐라빈 1개
반죽 버터 135g, 슈가파우더 90g, 달걀노른자 3개, 달걀흰자 3개, 설탕 30g, 오렌지껍질 1개분,
　　　아몬드가루 45g, 박력분 105g

★ 사용하는 도구는 20cm 사각틀이며, 달걀은 중간 크기(52~53g)를 사용하세요.

준비

버터, 달걀은 실온에 둡니다.
20cm 사각팬에 유산지를 깔아놓습니다.
아몬드가루, 박력분은 체쳐놓습니다.

⇾ HOW TO MAKE ⇽

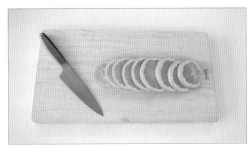

1 오렌지는 베이킹소다로 깨끗이 세척한 후 팔팔 끓는 물에
　굴려 소독합니다. 5~6mm 두께로 잘라주세요.

2 설탕과 물을 냄비에 올려주세요.

3 오렌지를 넣고, 반을 갈라 씨를 발라준 바닐라빈을 넣어
　주세요. 바닐라빈 껍질도 같이 넣어주세요. 강불에서 끓인
　후 설탕이 다 녹으면 약불에서 15분간 끓여줍니다.

4 물기를 빼고 식혀주세요. 오렌지 시럽은 버리지 말고 남겨
　두세요.

5 실온에 둔 버터를 잘 풀어준 후 슈가파우더를 2회로 나누어 섞어주세요.

6 달걀노른자를 1개씩 넣으며 섞어주세요.

7 좀더 크림이 풍성해지면 오렌지 껍질을 섞어주세요.

8 체에 친 박력분과 아몬드가루를 2회에 나누어 섞어줍니다.

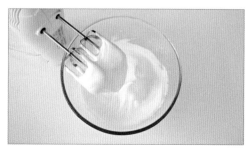

9 다른 볼에 달걀흰자를 휘핑해 거품이 올라오기 시작하면 설탕을 한 번에 넣어 부드러운 머랭을 만들어주세요.

10 8에 머랭을 2회에 나누어 섞어줍니다.

11 반죽을 틀에 넣고 스크래퍼로 평평하게 정리해주세요.

12 4의 오렌지를 올려주세요.

13 일반 오븐에서 175℃ 23~25분, 컨벡션 오븐에서 170℃ 21~23분 구워주세요.

14 뜨거울 때 남겨둔 오렌지 시럽을 발라주세요.

Tip
• 오렌지를 너무 얇게 썰면 부서지기 쉽고 반죽 위에 올렸을 때 반죽이 위로 올라와 모양이 망가질 수 있어요.
  조금 두껍게 썰어주는 게 좋아요.
• 케이크가 너무 뜨거울 때 틀에서 빼면 모양이 무너질 수 있어요. 약간 식힌 후에 빼서 식힘망에 올려주세요.

메이플 피칸 스퀘어

피칸은 항산화 성분이 가장 풍부한 견과류로 뇌신경을 안정시키는 칼슘과 비타민B군의 함량이 높습니다.
여기에 메이플 시럽을 더해 맛과 향이 풍부한 스퀘어입니다.

PREPARATION

오븐

일반 오븐 175℃ 23~25분
컨벡션 오븐 175℃ 20분

보관

실온 밀폐용기나 OPP 봉투에 넣어 2일
냉장 OPP 봉투에 포장 후 밀폐용기에 넣어 3~4일
냉동 OPP 봉투에 포장 후 밀폐용기에 넣어 15일

재료

크러스트 차가운 버터 120g, 설탕 40g, 박력분 160g, 소금 2꼬집
필링 달걀 2개, 황설탕 55g, 소금 1꼬집, 물엿 120g, 메이플시럽 35g, 녹인 버터 40g, 피칸 150g
토핑용 피칸 적당량

★사용하는 도구는 20cm 사각틀이며, 달걀은 중간 크기(52~53g)를 사용하세요.

준비

달걀은 실온에 둡니다.
20cm 사각팬에 유산지를 깔아놓습니다.
박력분, 소금은 체쳐놓습니다.

⇢ HOW TO MAKE ⇠

1 푸드프로세서에 박력분, 설탕, 소금을 넣어 한 번 돌려 섞
    어주세요.

2 버터가 가루류와 섞이도록 pulse 버튼을 눌러 섞어주세요.

3 살짝 뭉친 듯 보일 때까지 섞어주세요.

4 3을 틀에 넣어주세요.

5 손으로 평평하게 눌러주세요.

6 일반 오븐에서 175℃ 23~25분, 컨벡션 오븐에서 175℃ 20
분 구워주고 팬째로 완전히 식혀줍니다.

7 필링에 넣을 피칸을 170℃ 일반 오븐에서 10분간 구워주
세요.

8 식힌 후 잘게 다져주세요.

9 볼에 달걀을 넣고 가볍게 풀어주세요.

10 황설탕과 소금을 넣고 섞어주세요.

11 물엿과 메이플 시럽을 넣고 섞어주세요.

12 녹인 버터를 넣고 섞어주세요.

13 6의 식힌 크러스트 위에 8의 다진 피칸을 올려주세요.

14 12의 필링을 부어주세요.

15 윗면에 토핑용 피칸을 올려준 후 일반 오븐에서 175℃ 23~25분, 컨벡션 오븐에서 175℃ 20분 구워주세요.

Tip
• 메이플 시럽이 없다면 물엿으로 대체해도 좋아요.
• 달걀 거품은 낼 필요 없고 설탕도 녹일 필요 없어요. 그냥 섞어주기만 하면 됩니다.
• 푸드프로세서가 없는 경우에는 스크래퍼로 버터를 다져가며 작업해도 됩니다.

PART 5

마들렌&피낭시에

Madeleine & Financier

마들렌 기초
Madeleine

- 저장: 밀폐용기나 OPP 봉투에 넣어 상온에서 4, 5일 정도 보관할 수 있습니다. 냉동 보관할 경우 1개씩 랩으로 싸서 2주 정도 저장 가능합니다. 상온에서 해동하세요.

- 팬에 버터나 철판 이형제를 발라주어야 잘 떨어지고 틀도 오래 사용할 수 있습니다.

- 팬에 따라 버터와 강력분으로 코팅해야 하는 틀도 있어요.

- 여름에는 팬을 버터로 칠해준 후 냉장실에 넣어두었다가 반죽을 짜주면 좋아요.

- 버터 칠을 안 할 경우, 버터 칠을 꼼꼼히 안 한 경우, 버터를 너무 많이 바른 경우는 마들렌이 얼룩덜룩하게 나올 수 있습니다.

- 반죽을 너무 오래 섞은 경우, 냉장 휴지를 하지 않은 경우, 오븐 온도가 낮은 경우에는 배꼽 모양이 나오지 않을 수 있어요.

- 마들렌 반죽을 올린 팬을 놓는 오븐 상판도 함께 예열하면 배꼽 모양이 더 잘 올라옵니다.

- 버터는 55~60℃로 녹인 후 반죽에 넣고 섞어줍니다. 버터의 온도가 낮으면 반죽과 잘 섞이지 않아 식감이 나빠질 수 있어요.

- 반죽을 랩으로 싸서 1시간 정도 휴지해주면 기포도 사라지고 안정이 됩니다. 반죽의 글루텐이 약해지기 때문에 더 잘 부풀어 오릅니다.

- 휴지한 반죽을 고르게 한 번 더 섞은 후 짤주머니에 담아 팬닝하는 게 좋아요.

- 구워진 마들렌은 너무 부드럽기 때문에 식힘망보다는 평평한 곳이나 움푹한 곳에 세워서 식혀 주는 게 좋습니다. 그렇지 않으면 조가비 모양이 망가질 수 있어요.

- 짤주머니에 반죽을 넣고 짤 때에는 빨리 짜주어야 반죽 온도가 일정해서 구웠을 때 똑같은 모양으로 나와요. 짤 동안에 손의 열에 의해서 점점 반죽 온도가 올라가기 때문에 자칫 마지막에 짠 반죽은 잘 부풀지 않을 수 있으니 주의하세요.

⟶ 피낭시에 기초 ⟵
Financier

- 반죽을 너무 오래 섞은 경우, 반죽 온도가 높은 경우, 오븐 온도가 높은 경우, 버터를 너무 많이 바른 경우에는 피낭시에 표면이 얼룩질 수 있습니다.

- 재료가 잘 섞이지 않은 경우, 반죽 온도가 낮은 경우, 오븐 온도가 높은 경우, 재료에 따라 피낭시에 주변이 탈 수 있습니다.

- 태운 버터는 구운 헤이즐넛의 고소한 향기가 나는데, 프랑스어로 '뵈르(Beurre, 버터) 누아제트(noisette, 헤이즐넛)'라고 합니다. 녹인 버터를 사용하는 것보다 버터의 풍미가 훨씬 좋습니다.

- 버터 온도가 낮으면 반죽이 고르게 섞이지 않습니다. 버터는 따뜻하게 액체 상태로 넣어주세요. 걸쭉하게 굳어버린 경우에는 중탕으로 데워 사용하세요. 또한 버터가 뜨거우면 반죽 온도가 높아져서 식감이 떨어집니다. 버터 온도는 50℃ 정도가 적당합니다.

- 모든 재료는 실온에 둔 것을 사용합니다. 차가운 달걀을 쓸 경우 버터와 유화되지 않아 피낭시에 식감이 떨어질 수 있습니다.

- 가루를 너무 과하게 섞으면 밀가루의 글루텐 때문에 구웠을 때 부드럽지 않고 약간 딱딱하고 퍼석한 식감이 됩니다. 필요 이상으로 계속 섞지 않도록 주의합니다.

- 반죽을 짤주머니에 넣고 냉장실에 두면 버터의 지방이 분리되므로 반죽볼에 랩을 씌워 1시간 정도 휴지한 후 주걱으로 가볍게 섞어 짤주머니에 담아 틀에 짜줍니다.

단호박 크림치즈 마들렌

단호박과 크림치즈를 넣은 마들렌은 더욱 촉촉해서 여성들이 특히 좋아합니다.
홍차를 마실 때 곁들이면 티푸드로 손색이 없어요.

PREPARATION

오븐
일반 오븐 185℃ 5~6분, 170℃ 5~6분
컨벡션 오븐 185℃ 5분, 170℃ 5분

보관
상온 밀폐용기나 OPP 봉투에 넣어 4~5일
냉동 OPP 봉투에 포장 후 밀폐용기에 넣어 15일

재료
(10개 분량)
반죽 달걀 55g, 설탕 55g, 꿀 7g, 박력분 55g, 단호박파우더 10g, 베이킹파우더 2.5g, 버터 50g
단호박조림 단호박 60g, 물 30g, 설탕 15g
크림치즈 적당량

HOW TO MAKE

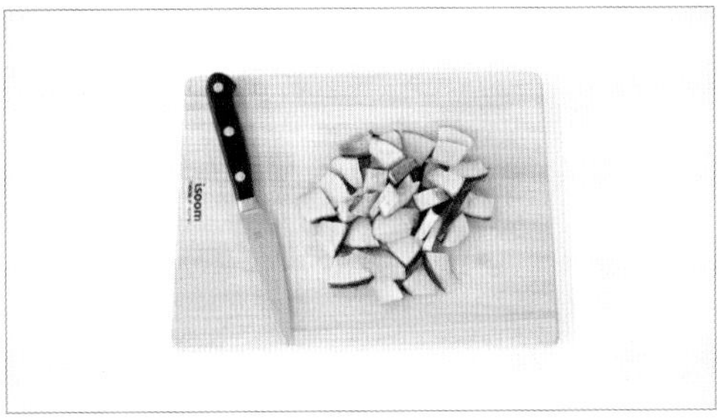

1 단호박은 나박하게 썰어주세요.

2 냄비에 썬 단호박, 설탕, 물을 넣고 중불에 올려주세요.

3 주걱으로 저으며 물이 1/3 정도로 줄 때까지 졸여주세요.

4 체에 밭쳐 물기를 빼주세요.

5 볼에 달걀을 넣고 가볍게 풀어주세요.

6 설탕을 넣고 가볍게 섞어주세요.

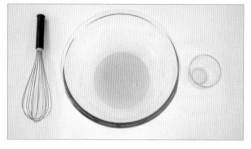

7 꿀을 넣고 섞어주세요.

8 체에 친 박력분, 단호박파우더, 베이킹파우더를 넣고 섞어
주세요.

9 녹인 버터를 넣어주세요.

10 거품기로 버터가 반죽에 흡수될 때까지 천천히 섞어주세
요.

11 랩을 씌운 후 냉장실에서 1시간 휴지해주세요.

12 휴지한 반죽은 바닥까지 훑어가며 한 번 더 섞어주세요.

13 팬에 철판 이형제나 버터를 발라주세요.

14 짤주머니에 반죽을 넣고 팬에 60% 정도 짜주세요.

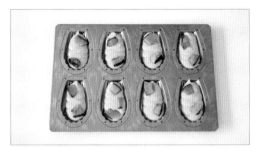

15 4의 졸인 단호박을 올려주세요.

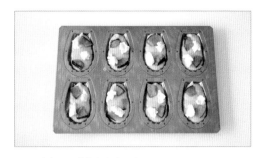

16 크림치즈를 적당히 올려주세요.

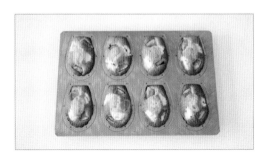

17 일반 오븐에서 185℃ 5~6분, 170℃ 5~6분, 컨벡션 오븐에서 185℃ 5분, 170℃ 5분 구워주세요.

 Tip
- 단호박을 너무 졸이면 구웠을 때 딱딱해질 수 있어요.
- 반죽을 팬닝하고 단호박과 크림치즈는 사이드에 올려주면 좋아요.
  중앙에 올리면 무게 때문에 배꼽 모양이 나오기 힘들어요.
- 다른 재료들을 올려 굽는 마들렌 레시피이므로 반죽은 60% 정도만 올려야 옆으로 퍼지지 않고
  예쁜 마들렌을 만들 수 있어요.

레몬 진저 마들렌

알싸한 생강의 맛과 상큼한 레몬을 넣은 마들렌에 글라사주로 달콤한 맛을 더했어요.
씹히는 생강조림의 매력에 빠져보세요.

PREPARATION

일반 오븐 185℃ 5~6분, 170℃ 5~6분
컨벡션 오븐 185℃ 5분, 170℃ 5분

오븐

상온 밀폐용기나 OPP 봉투에 넣어 4~5일
냉동 OPP 봉투에 포장 후 밀폐용기에 넣어 15일

보관

재료

(8개 분량)
반죽 달걀 55g, 설탕 35g, 꿀 15g, 박력분 50g, 아몬드가루 18g, 베이킹파우더 2g, 레몬제스트 5g,
　　　생강조림, 버터 50g
생강조림 생강 30g, 설탕 30g, 물 60g
레몬 글라세 슈가파우더 40g, 레몬주스 9g, 레몬제스트 2g

⇾ HOW TO MAKE ⇽

1　껍질 벗긴 생강 30g을 얇게 저며 냄비에 넣고 생강이 잠길
　　정도의 물을 부어 팔팔 끓여줍니다. 이 과정을 한 번 더 반
　　복해줍니다.

2　1의 생강, 설탕 30g, 물 60g을 냄비에 넣어 중불로 끓여주
　　세요.

3　팔팔 끓으면 약불로 낮추고 주걱으로 저어가며 졸여줍니
　　다. 바닥에 물기가 1/3 정도 남을 때까지 졸여주세요.

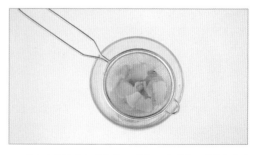

4　체에 밭쳐 물기를 빼주세요. 생강 졸인 시럽은 버리지 마세
　　요.

5 4의 생강조림을 잘게 다져주세요.

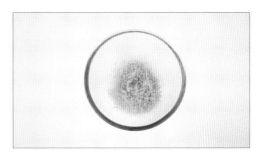

6 볼에 5의 다진 생강조림과 레몬제스트를 넣고 섞어주세요.

7 설탕을 넣고 거품기로 섞어주세요.

8 다른 볼에 달걀을 넣고 가볍게 풀어주세요.

9 8에 7을 넣고 섞어주세요.

10 꿀을 넣고 섞어주세요.

11 체에 친 박력분, 아몬드가루, 베이킹파우더를 넣고 섞어주세요.

12 녹인 버터를 넣어주세요.

13 거품기로 버터가 반죽에 흡수될 때까지 천천히 섞어주세
요.

14 랩을 씌운 후 냉장실에서 1시간 휴지해주세요.

15 휴지한 반죽은 바닥까지 훑어가며 한 번 더 섞어주세요.

16 팬에 철판 이형제나 버터를 발라주세요.

17 짤주머니에 반죽을 넣고 팬에 80% 정도 짜주세요.

18 일반 오븐에서 185℃ 5~6분, 170℃ 5~6분, 컨벡션 오븐에
서 185℃ 5분, 170℃ 5분 구워주세요.

19 4에서 남겨둔 생강 시럽을 발라주세요.

20 슈가파우더, 레몬즙, 레몬제스트를 넣어 섞은 후 마들렌
윗면에 골고루 발라 굳혀주세요.

Tip
- 생강을 너무 졸이면 딱딱해지니 1/3 정도 물기가 있을 때까지만 졸여주세요.
- 생강조림과 레몬제스트에 설탕을 같이 섞어 반죽에 넣으면 향이 배가되기 때문에
  이 작업은 꼭 해주는 게 좋아요.

Madeleine & Financier

밀키 마들렌

우유의 풍미가 가득한 마들렌을 초콜릿으로 코팅하여 우아하고 고급스러운 디저트로 만들었습니다.
선물용으로도 인기가 높은 품목이에요.

PREPARATION

오븐
일반 오븐 185℃ 5~6분, 170℃ 5~6분
컨벡션 오븐 185℃ 5분, 170℃ 5분

보관
상온 밀폐용기나 OPP 봉투에 넣어 4~5일
냉동 OPP 봉투에 포장 후 밀폐용기에 넣어 15일

재료
(9개 분량)
반죽 달걀 55g, 설탕 55g, 소금 1꼬집, 연유 9g, 바닐라 익스트랙 1/2작은술, 박력분 50g, 분유 15g,
　　　 베이킹파우더 2g,　버터 55g
초콜릿 글라세 화이트 코팅 초콜릿 70g, 다크 코팅 초콜릿 4g

★분유는 전지분유, 탈지분유 모두 가능합니다.

⤜ HOW TO MAKE ⤛

1　달걀을 가볍게 풀어주세요.

2　설탕과 소금을 넣고 섞어주세요.

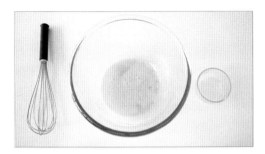

3　연유를 넣고 섞어주세요.

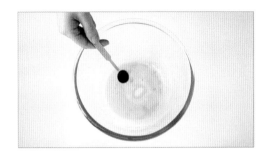

4　바닐라 익스트랙을 넣어주세요.

5 체에 친 박력분, 분유, 베이킹파우더를 넣고 섞어주세요.

6 녹인 버터를 넣어주세요.

7 거품기로 버터가 반죽에 흡수될 때까지 천천히 섞어주세요.

8 랩을 씌운 후 냉장실에서 1시간 휴지해주세요.

9 휴지한 반죽은 바닥까지 훑어가며 한 번 더 섞어주세요.

10 팬에 철판 이형제나 버터를 발라주세요.

11 짤주머니에 반죽을 넣고 팬에 70% 정도 짜주세요.

12 일반오븐에서 185℃ 5~6분, 170℃ 5~6분, 컨벡션 오븐에서 185℃ 5분, 170℃ 5분 구워주세요.

13 다크 코팅 초콜릿과 화이트 코팅 초콜릿은 중탕이나 전자
레인지에 녹여주세요.

14 주걱으로 잘 섞어주세요.

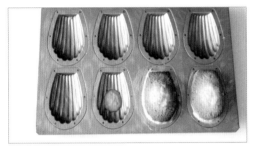

15 깨끗하고 물기 없는 팬 중앙에 초콜릿을 1/3 정도 넣어주
세요.

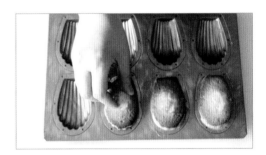

16 마들렌을 올려 살짝 힘주어 눌러 넣어주고 냉장실에 넣어
15~20분 굳힌 후 뒤집어 바닥에 쳐서 꺼내주세요.

Tip
- 초콜릿 코팅 과정을 위해 70% 정도만 팬닝해 구워주는 게 좋습니다.
- 초콜릿 양이 많으면 겉으로 흘러나와 모양이 예쁘지 않습니다. 굳기 전에 티슈로 옆면을 닦아주는 게 좋아요.
  반대로 초콜릿 양이 적으면 일부만 코팅됩니다. 적당량을 넣어 살짝 눌러주면 전체 코팅이 되어 모양이 예쁩니다.
- 초콜릿을 너무 높은 온도로 녹이면 얼룩덜룩 코팅이 될 수 있으니 초콜릿 온도는 40℃를 넘지 않도록 해주세요.

고르곤졸라 피낭시에

고르곤졸라의 달콤하고 톡 쏘는 맛에 달콤한 꿀을 더한 피낭시에입니다.
한 번 먹으면 중독되는 맛이에요. 꿀을 듬뿍 뿌려 먹으면 더욱 맛있습니다.

PREPARATION

오븐

일반 오븐 190℃ 4분, 180℃ 9~10분
컨벡션 오븐 190℃ 4분, 180℃ 7~8분

보관

상온 밀폐용기나 OPP 봉투에 넣어 4~5일
냉동 OPP 봉투에 포장 후 밀폐용기에 넣어 15일

재료

(9개 분량)
버터 70g, 달걀흰자 70g, 꿀 8g, 설탕 75g, 고르곤졸라치즈 25g, 크림치즈 15g, 아몬드가루 45g, 박력분 30g

---

⇾ **HOW TO MAKE** ⇽

1 버터를 약불에 올려주세요.

2 버터가 갈색이 될 때까지 태워주세요.

3 온도가 더 이상 올라가지 않도록 얼음물 또는 찬물에 담가 식혀주세요.

4 실온에 둔 달걀흰자는 가볍게 풀어주세요.

5 꿀과 설탕을 넣고 섞어주세요. 이때 거품은 내지 않습니다.

6 고르곤졸라와 크림치즈를 넣어 풀어주세요.

7 체에 친 아몬드가루, 박력분을 넣어 섞어주세요.

8 3의 태운 버터는 50℃ 정도로 식힌 후 3회에 나누어 넣어주세요. 이때 반죽에 충분히 흡수되도록 잘 섞어주세요.

9 마지막의 버터 찌꺼기는 체로 걸러주세요.

10 랩에 싸서 1시간 휴지해주세요.

11 휴지한 반죽은 다시 한 번 주걱으로 가볍게 섞어주세요.

12 틀에 철판 이형제나 버터를 발라주세요.

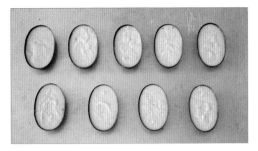

13 짤주머니에 반죽을 담고 틀의 90%까지 짜주세요. 오발틀
인 경우 33~35g 정도 담습니다.

14 바닥에 쳐서 평평하게 해준 후 일반 오븐에서 190℃ 4분,
180℃ 9~10분, 컨벡션 오븐에서 190℃ 4분, 180℃ 7~8분
구워주세요.

Tip
크림치즈와 고르곤졸라치즈가 잘 섞이지 않을 때에는 전자레인지에 10초간 돌려 살짝 녹인 후 섞어주세요.

Madeleine & Financier

흑임자 피낭시에

흑임자 페이스트와 흑임자가루를 넣어 고소함이 가득한 피낭시에입니다. 하루 숙성시킨 후 먹으면
더욱 촉촉한 식감을 만날 수 있습니다.

204

PREPARATION

오븐

일반 오븐 190℃ 4분, 180℃ 9~10분
컨벡션 오븐 190℃ 4분, 180℃ 7~8분

보관

상온 밀폐용기나 OPP 봉투에 넣어 4~5일
냉동 OPP 봉투에 포장 후 밀폐용기에 넣어 15일

재료

(7개 분량)
버터 70g, 달걀흰자 70g, 설탕 65g, 물엿 12g, 흑임자 페이스트 10g, 아몬드가루 30g, 박력분 30g,
흑임자가루 5g, 흰깨 적당량, 검은깨 적당량

⨳ HOW TO MAKE ⨳

1 버터를 약불에 올려 녹여주세요.

2 버터가 갈색이 될 때까지 태워주세요.

3 온도가 더 이상 올라가지 않도록 얼음물 또는 찬물에 담
   가 식혀주세요.

4 실온에 둔 달걀흰자를 가볍게 풀어주세요.

5 설탕과 물엿을 넣고 섞어주세요. 거품을 낼 필요는 없습니다.

6 흑임자 페이스트를 넣어주세요.

7 잘 섞이도록 천천히 저어주세요.

8 체에 친 아몬드가루, 박력분, 흑임자가루를 넣고 섞어주세요.

9 3의 태운 버터는 50℃ 정도로 식힌 후 3회에 나누어 넣어주세요. 이때 반죽에 충분히 흡수되도록 잘 섞어주세요.

10 마지막의 버터 찌꺼기는 체로 걸러주세요.

11 랩에 싸서 1시간 휴지해주세요.

12 휴지한 반죽은 다시 한 번 주걱으로 가볍게 섞어주세요.

13 틀에 철판 이형제나 버터를 발라주세요.

14 짤주머니에 반죽을 담고 90%까지 짜주세요. 오발틀인 경우 33~35g 정도 담습니다.

15 바닥에 쳐서 평평하게 해준 후 윗면에 흰깨와 검은깨를 뿌린 다음에 일반 오븐에서 190℃ 4분, 180℃ 9~10분, 컨벡션 오븐에서 190℃ 4분, 180℃ 7~8분 구워주세요.

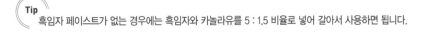

Tip
흑임자 페이스트가 없는 경우에는 흑임자와 카놀라유를 5 : 1.5 비율로 넣어 갈아서 사용하면 됩니다.

파인 코코 피낭시에

파인애플 과즙이 팡팡 터지면서 달달하고 고소한 코코넛이 씹히는 피낭시에예요.
코코넛과 파인애플조림을 올려 더욱 앙증맞고 귀엽게 만들면 티푸드로 최고입니다.

일반 오븐 190℃ 4분, 180℃ 9~10분
컨벡션 오븐 190℃ 4분, 180℃ 7~8분

오븐

상온 밀폐용기나 OPP 봉투에 넣어 4~5일
냉동 OPP 봉투에 포장 후 밀폐용기에 넣어 15일

보관

재료

(8개 분량)
반죽 버터 70g, 달걀흰자 70g, 꿀 5g, 설탕 75g, 아몬드가루 35g, 박력분 30g, 코코넛가루 10g
파인애플조림 파인애플 100g, 설탕 20g, 통조림 국물 40g, 레몬즙 1작은술
코코넛가루 적당량

⇒ HOW TO MAKE ⇐

1 냄비에 잘게 썬 파인애플, 설탕, 파인애플 통조림 국물을
넣어주세요.

2 약불에서 주걱으로 저어가며 졸여주세요.

3 국물이 거의 다 졸면 레몬즙을 넣어주세요.

4 바닥에 물기가 없을 때까지 졸여준 후 내려 식혀주세요.

5 버터를 약불에 올려 녹여주세요.

6 버터가 갈색이 될 때까지 태워주세요.

7 온도가 더 이상 올라가지 않도록 얼음물 또는 찬물에 담
   가 식혀주세요.

8 실온에 둔 달걀흰자는 가볍게 풀어준 후 설탕과 꿀을 넣고
   섞어주세요. 거품을 낼 필요는 없습니다.

9 체에 친 아몬드가루, 박력분, 코코넛가루를 넣고 섞어주세
   요.

10 7의 태운 버터는 50℃ 정도로 식힌 후 3회에 나누어 넣어주
   세요. 이때 반죽에 충분히 흡수되도록 잘 섞어주세요.

11 마지막의 버터 찌꺼기는 체로 걸러주세요.

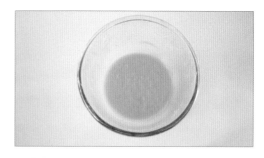

12 랩에 싸서 1시간 휴지해주세요.

13 휴지한 반죽은 다시 한 번 주걱으로 가볍게 섞어주세요.

14 틀에 철판 이형제나 버터를 발라주세요.

15 짤주머니에 반죽을 담고 틀의 1/2까지 짠 후 4의 파인애플 조림을 올리고 나머지 반죽을 90%까지 짜주세요. 오발틀인 경우 33~35g 정도 담습니다.

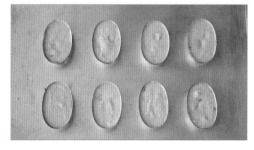

16 바닥에 쳐서 평평하게 해준 후 일반 오븐에서 190℃ 4분, 180℃ 9~10분, 컨벡션 오븐에서 190℃ 4분, 180℃ 7~8분 구워주세요.

17 식힌 후 코코넛가루를 체로 쳐준 후 뿌려주세요.

18 남은 파인애플조림을 둥글게 만들어 올려줍니다.

Tip
- 생파인애플을 사용해도 됩니다. 이때 통조림 국물 대신 그냥 물을 사용하면 됩니다.
- 파인애플조림의 2/3는 필링용으로, 1/3은 장식용으로 사용하세요.
- 파인애플을 너무 졸이면 식감이 딱딱해질 수 있으니 주의하세요.

PART 6

다쿠아즈&프티가토

Dacquoise & Petits Gâteaux

⇥ 다쿠아즈 기초 ⇤

Dacquoise

- 머랭은 단단히 100% 올려주고 가루는 적당히 섞어주세요. 가루를 너무 많이 섞으면 머랭이 죽어서 다 구웠을 때 납작하게 됩니다.

- 머랭이 죽으면 옆으로 퍼지면서 다쿠아즈끼리 붙어버리기 때문에 가루가 보이지 않을 때까지 만 섞어주는 게 좋아요.

- 다쿠아즈 반죽을 짤 때 틀 윗면까지 올라오게 짜야 윗면을 정리했을 때 모양이 제대로 나옵 니다.

- 스크래퍼로 윗면을 정리할 때에는 한 번에 밀어 정리해주어야 머랭이 죽지 않아 도톰한 다쿠 아즈를 만들 수 있어요.

- 다쿠아즈 반죽 위에 슈가파우더를 뿌릴 때는 한 번에 너무 많이 뿌리지 말고 적당히 2회 정도 뿌려주는 게 좋습니다.

- 틀을 올렸을 때 다쿠아즈 겉면이 깨끗하지 않다면 손에 물을 묻혀 겉면을 정리해주세요.

- 윗면을 스크래퍼로 정리하지 않고 볼륨 있게 만드는 다쿠아즈는 굽는 시간을 좀더 늘려 구워 줍니다.

티라미수 다쿠아즈

이탈리아어로 '티라미수'는 '나를 끌어 올린다.'라는 뜻입니다. 여기에 마스카포네 크림과 커피잼을
조합하니 끌어 올려지다 못해 날아갈 것 같은 맛입니다.

PREPARATION

오븐

일반 오븐 175℃ 11~12분
컨벡션 오븐 170℃ 11~12분

보관

냉장 밀폐용기나 OPP 봉투에 넣어 2일
냉동 OPP 봉투에 포장 후 밀폐용기에 넣어 15일

재료

(8개 분량)
다쿠아즈 달걀흰자 103g, 설탕 36g, 아몬드가루 61g, 슈가파우더 45g, 박력분 20g
필링 크림치즈 160g, 마스카포네치즈 30g, 무염버터 70g, 슈가파우더 40g
커피밀크 잼 우유 100g, 생크림 100g, 설탕 30g, 카누 2개
슈가파우더 적당량

⇾ **H O W   T O   M A K E** ⇽

1 다쿠아즈틀을 뒤집어 분무질을 해준 후 다시 뒤집어 테프
론시트를 깔아준 오븐팬 위에 올려주세요.

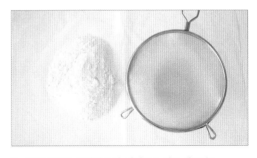

2 아몬드가루, 슈가파우더, 박력분은 체로 쳐주세요.

3 차가운 달걀흰자를 휘핑해 거품이 올라올 때까지 고속으
로 휘핑해주세요.

4 설탕의 1/2을 넣고 거품이 단단히 올라오기 시작할 때까
지 휘핑해주세요.

5 나머지 설탕을 넣고 휘핑해 단단하고 매끈한 머랭을 만들어주세요. 1분간 저속으로 기포를 없애주세요.

6 2의 체에 친 가루를 넣고 머랭이 죽지 않도록 주의하며 살살 섞어줍니다.

7 가루가 보이지 않을 때까지 섞어주세요.

8 짤주머니에 반죽을 담아주세요.

9 다쿠아즈틀보다 높게 반죽을 짜줍니다.

10 스크래퍼로 윗면을 밀면서 정리해주세요.

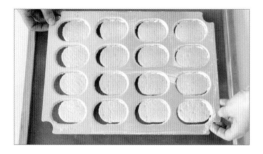

11 틀을 들어 빼내주세요.

12 슈가파우더를 뿌려준 후 흡수되면 다시 한 번 뿌려주세요. 일반 오븐에서 175℃ 11~12분, 컨벡션 오븐에서 170℃ 11~12분 구워주세요.

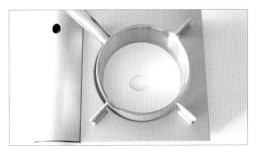

13 냄비에 우유, 생크림, 설탕을 넣고 중불에 올려주세요.

14 끓기 시작하면 카누를 넣어주세요.

15 주걱으로 저어가며 중불에서 끓여주세요.

16 걸쭉해질 때까지 끓여준 후 식혀줍니다.

17 볼에 실온에 둔 크림치즈와 마스카포네치즈를 섞어주세요.

18 다른 볼에 실온에 둔 버터를 풀어준 후 슈가파우더를 넣고 매끈해질 때까지 섞어주세요.

19 18에 17을 조금씩 넣어가며 섞어주세요.

20 매끈한 크림이 완성되었습니다.

21 12의 다쿠아즈는 짝을 맞추어 한쪽 면을 뒤집어주세요.

22 8의 짤주머니에 1cm 원형 깍지를 끼고 다쿠아즈 위에 원형
으로 크림을 짜주세요.

23 커피밀크 잼을 중앙에 짜주세요.

24 윗면에 덮어주세요.

25 짤주머니에 크림을 담고 쉬폰 깍지(188번)를 끼운 후 벌어
진 면이 위로 오게 해서 지그재그로 짜주세요.

26 카카오가루를 뿌려 마무리해주세요.

Tip

- 커피밀크 잼을 너무 졸이면 되직해서 짤 수가 없고, 덜 졸이면 너무 묽게 됩니다. 주걱을 들었을 때 적당히 무겁게
  흐르는 정도로 졸여주면 됩니다.
- 커피밀크 잼이 너무 많이 졸여졌다면 버리지 말고 우유를 약간 넣어 약불에서 전체적으로 섞은 뒤 식혀주면 돼요.
- 버터, 크림치즈, 마스카포네치즈를 핸드믹서로 한꺼번에 섞으면 분리될 수 있기 때문에 따로 휘핑한 후 섞어주는 게 좋아요.
- 크림치즈와 마스카포네치즈를 휘핑기로 계속 섞다 보면 묽어지므로 고무주걱으로 섞어주는 게 좋아요.
- 다쿠아즈 윗면에 쉬폰 깍지로 크림을 장식하고 나서 다쿠아즈를 냉장실에서 굳힌 후 카카오가루를 뿌려주면
  카카오가루가 수분을 덜 먹게 되어 축축함을 방지할 수 있어요.
- 윗면에 크림을 짜지 않고 카카오가루만 뿌려 완성해도 됩니다.

호두 앙버터 다쿠아즈

달콤한 팥소에 로스팅한 호두와 프랑스산 고메버터의 고소함을 더해 완성한 다쿠아즈예요.
팥과 버터가 잘 어우러져서 한입 물면 그 맛에 반할 거예요.

PREPARATION

 오븐
일반 오븐 175℃ 11~13분
컨벡션 오븐 170℃ 11~13분

 보관
냉장 밀폐용기나 OPP 봉투에 넣어 2일
냉동 OPP 봉투에 포장 후 밀폐용기에 넣어 15일

 재료
(8개 분량)
다쿠아즈 달걀흰자 115g, 설탕 40g, 아몬드가루 70g, 슈가파우더 50g, 박력분 23g
필링 통팥앙금 225g, 호두 15g
고메버터 250g
슈가파우더 적당량

⇾ HOW TO MAKE ⇽

1 다쿠아즈틀을 뒤집어 분무질을 해준 후 다시 뒤집어 테프론시트를 깔아준 오븐팬 위에 올려주세요.

2 아몬드가루, 슈가파우더, 박력분은 체로 쳐주세요.

3 차가운 달걀흰자를 휘핑해 거품이 올라올 때까지 고속으로 휘핑해주세요.

4 설탕의 1/2을 넣고 거품이 단단히 올라오기 시작할 때까지 휘핑해주세요.

5 나머지 설탕을 넣고 휘핑해 단단하고 매끈한 머랭을 만들
  어주세요. 1분간 저속으로 기포를 없애주세요.

6 2의 체에 친 가루를 넣고 머랭이 죽지 않도록 주의하며 살
  살 섞어줍니다.

7 가루가 보이지 않을 때까지 섞어주세요.

8 짤주머니에 반죽을 담아주세요.

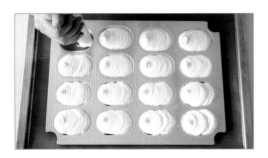

9 다쿠아즈틀보다 높게 반죽을 짜줍니다.

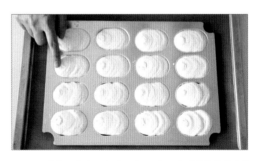

10 뾰족해진 끝부분은 손에 물을 묻혀 눌러 평평하게 해주세
   요.

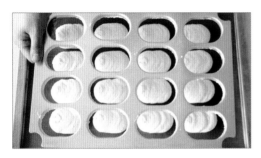

11 틀을 들어 빼주세요.

12 슈가파우더를 뿌려준 후 흡수되면 다시 한 번 뿌려주세
   요. 일반 오븐에서 175℃ 11~13분, 컨벡션 오븐에서 170℃
   11~13분 구워주세요.

13 볼에 통팥앙금, 구운 호두 다진 것을 넣고 섞어주세요.

14 다쿠아즈틀에 호두 앙금을 2/3 정도까지 채워 평평하게
한 뒤 틀을 제거한 후 냉동실에 넣어 살짝 굳혀줍니다.

15 고메버터를 7~8mm 두께로 잘라주세요.

16 다쿠아즈는 짝을 맞추어 한쪽 면을 뒤집어주세요.

17 굳혀놓은 앙금을 스크래퍼로 들어 다쿠아즈 위에 올려주
세요.

18 14의 고메버터를 올려주세요.

19 윗면을 덮어 완성해주세요.

Tip
- 앙금은 다쿠아즈틀 안에 넣어 모양을 만들어도 좋고, 다쿠아즈에 바로 올려 모양을 만들어도 좋습니다.
- 볼륨 있는 다쿠아즈를 만들려면 스크래퍼로 반죽을 정리하지 말고 틀 1cm 위까지 반죽을 짜주면 좋아요.
- 짤주머니는 직각으로 세워 짜면 매끈하게 짤 수 있습니다.

흑임자 쑥 인절미 다쿠아즈

쑥 특유의 쌉싸름한 맛에 흑임자와 크림의 고소한 맛이 어우러진 구움과자입니다.
프랑스 전통 구움과자이지만 우리 입맛에도 잘 맞습니다.

PREPARATION

오븐

일반 오븐 175℃ 11~13분
컨벡션 오븐 170℃ 11~13분

보관

냉장 밀폐용기나 OPP 봉투에 넣어 2일
냉동 OPP 봉투에 포장 후 밀폐용기에 넣어 15일

재료

(8개 분량)
다쿠아즈 달걀흰자 115g, 설탕 40g, 아몬드가루 70g, 슈가파우더 50g, 박력분 15g, 흑임자가루 8g
필링 무염버터 85g, 슈가파우더 20g, 흑임자 페이스트 20g
쑥인절미 적당량

HOW TO MAKE

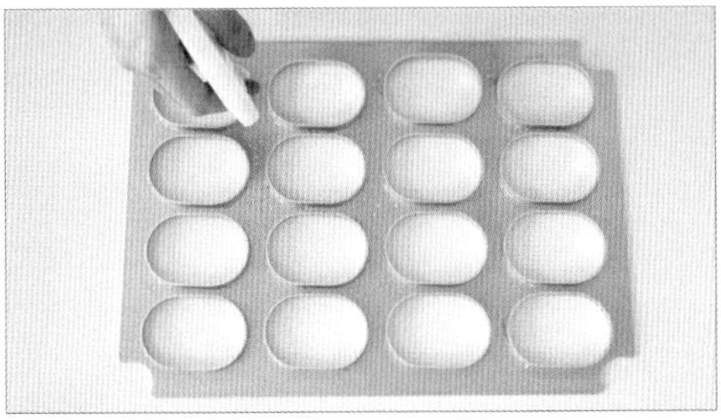

1 다쿠아즈틀을 뒤집어 분무질을 해준 후 다시 뒤집어 테프론시트를 깔아준 오븐팬 위에 올려주세요.

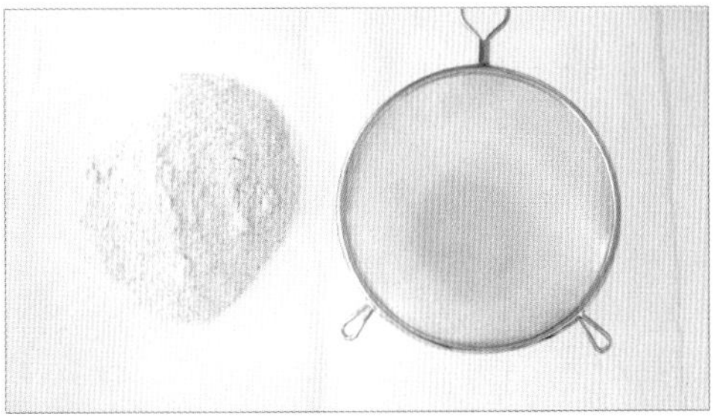

2 아몬드가루, 슈가파우더, 박력분, 흑임자가루는 체로 쳐 주세요.

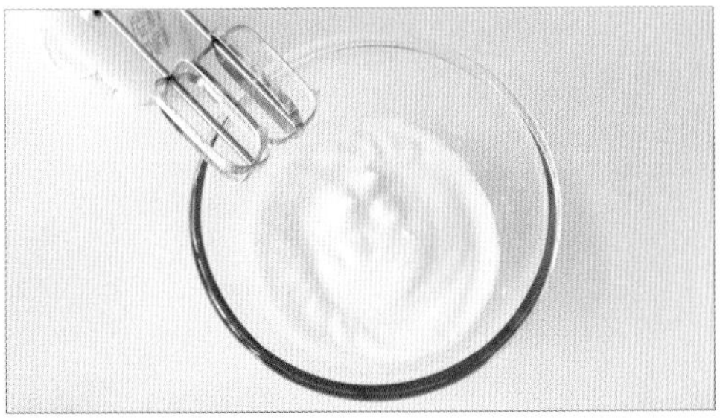

3 차가운 달걀흰자를 휘핑해 거품이 올라올 때까지 고속으로 휘핑해주세요.

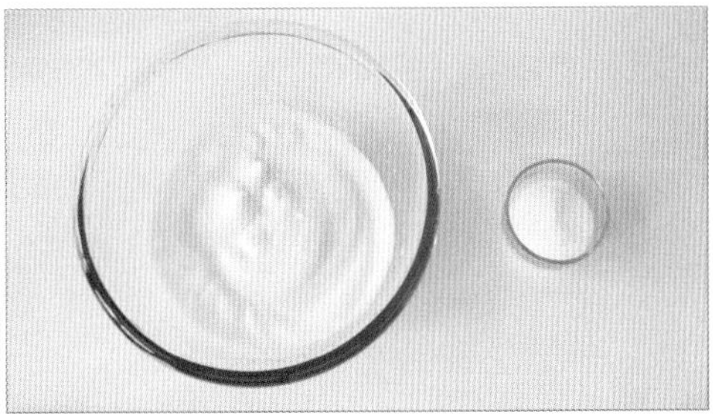

4 설탕의 1/2을 넣고 거품이 단단히 올라오기 시작할 때까지 휘핑해주세요.

5 나머지 설탕을 넣고 휘핑해 단단하고 매끈한 머랭을 만들어주세요. 1분간 저속으로 기포를 없애주세요.

6 2의 체에 친 가루를 넣고 머랭이 죽지 않도록 주의하며 살살 섞어줍니다.

7 가루가 보이지 않을 때까지 섞어주세요.

8 짤주머니에 반죽을 담아주세요.

9 다쿠아즈틀보다 높게 반죽을 짜줍니다.

10 물을 손에 묻혀 뾰족해진 끝부분을 눌러 평평하게 해주세요.

11 틀을 들어 빼주세요.

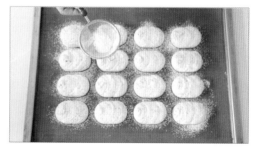

12 슈가파우더를 뿌려준 후 흡수되면 다시 한 번 뿌려주세요. 일반 오븐에서 175℃ 11~13분, 컨벡션 오븐에서 170℃ 11~13분 구워주세요.

13 실온에 둔 버터를 부드럽게 풀어준 후 슈가파우더를 넣고 매끈하게 될 때까지 섞어주세요.

14 흑임자 페이스트를 넣고 섞어주세요.

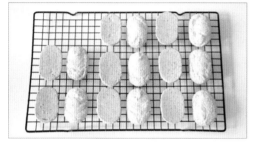

15 다쿠아즈는 짝을 맞추어 한쪽 면을 뒤집어주세요.

16 상투과자 깍지(195k번)를 낀 짤주머니에 14의 흑임자 버터크림을 채워 다쿠아즈 위에 원형으로 짜주세요.

17 중앙에도 크림을 조금 짜줍니다.

18 쑥 인절미를 올려주세요.

19 윗면을 덮어 완성합니다.

- 흑임자 버터크림을 짤 때에는 다쿠아즈를 왼손에 들고 오른손으로 둥글게 돌려 짜면 더 쉽게 짤 수 있습니다.
- 쑥인절미는 크림 정도 높이까지 잘라 올려야 윗면이 뜨지 않아서 모양이 예뻐요.
- 인절미가 들어갔기 때문에 만들어서 그날 먹지 못한 경우에는 냉동 보관하고 나중에 실온에서 해동하여 먹으면 됩니다.

레몬커드 가토

폭신하게 만든 레몬 케이크에 레몬 글라사주를 입혀 더욱 상큼합니다. 그 위에 레몬커드까지
올려서 하나만 먹어도 하루에 필요한 비타민 양을 모두 섭취할 수 있습니다.

오븐

일반 오븐 175℃ 13~15분
컨벡션 오븐 170℃ 12~14분

보관

실온 밀폐용기나 OPP 봉투에 넣어 1일
냉장 밀폐용기나 OPP 봉투에 넣어 4~5일
냉동 OPP 봉투에 포장 후 밀폐용기에 넣어 15일

재료

(7개 분량)
반죽 달걀 1개(54~55g), 설탕 35g, 박력분 30g, 아몬드가루 15g, 레몬제스트 1/2개분, 무염버터 30g
레몬커드 달걀 25g, 설탕 20g, 무염버터 5g, 레몬즙 12g
아이싱 슈가파우더 35g, 쿠엥트로 3g, 레몬즙 8g

★ 사용하는 도구는 실리코마트 SF084 미디엄 오발 샤바랭 10구입니다.

⇥ HOW TO MAKE ⇤

1 레몬은 깨끗이 세척해 껍질만 갈아주세요.

2 레몬은 반으로 갈라 즙을 내주세요.

3 설탕과 레몬제스트를 넣고 섞어주세요.

4 볼에 달걀을 가볍게 풀고 3을 넣어 고속으로 휘핑해주세요.

5 거품이 무겁게 지그재그로 떨어질 때까지(이쑤시개를 꽂아서 쓰러지지 않는 정도) 휘핑해주세요.

6 체에 친 박력분과 아몬드가루를 넣어주세요.

7 주걱으로 가루가 보이지 않을 때까지 아래에서 위로 훑듯이 가볍게 섞어주세요.

8 녹인 버터를 넣고 섞어주세요.

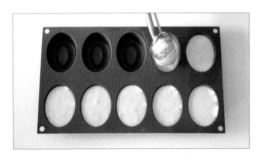

9 오븐팬에 실리콘틀을 올리고 반죽을 틀의 80% 정도 채워주세요. 바닥에 쳐서 공기를 뺀 후 일반 오븐에서 175℃ 13~15분, 컨벡션 오븐에서 170℃ 12~14분 구워주세요.

10 냄비에 달걀과 설탕을 넣고 섞어주세요.

11 버터를 넣고 섞어주세요.

12 레몬즙을 넣고 섞어주세요.

13 약불에 올려 휘핑기로 저어가며 끓여주세요.

14 약간 되직하게 되면 불에서 내려 식혀주세요.

15 아이싱 재료를 넣어 섞은 후 식힌 케이크의 윗면과 옆면에 발라 굳혀주세요.

16 식힌 레몬커드를 중앙 홈에 짜주세요.

17 말린 레몬과 금가루 등으로 장식합니다.

Tip
- 레몬커드는 약불에서 끓여주세요. 양이 많지 않아 금방 걸쭉해지기 때문에 계속 거품기로 저어가며 끓여줍니다.
- 거품형의 케이크를 만들 때에는 가루 재료는 최소 2회 체로 쳐준 후 넣어야 잘 섞이고 완성했을 때 케이크 식감이 부드럽습니다.
- 녹인 버터를 넣고 계속 섞으면 케이크 식감도 좋지 않고 볼륨도 낮아지므로 빨리 골고루 섞어 주는 게 좋아요.
- 아이싱의 쿠엥트로가 없으면 레몬즙으로 대체 가능합니다.
- 설탕과 레몬제스트를 먼저 섞어주는 이유는 레몬향을 더 내기 위해서입니다.

비지탕틴느 쇼콜라

쫀득하고 부드러운 초콜릿 케이크에 가나슈와 카카오닙스를 더해 쌉쌀하면서 달콤하게 만든 케이크입니다.
모양새가 앙증맞은 프티 케이크예요.

PREPARATION

 오븐
일반 오븐 175℃ 13~15분
컨벡션 오븐 170℃ 12~13분

 보관
실온 밀폐용기나 OPP 봉투에 넣어 3~4일
냉동 OPP 봉투에 포장 후 밀폐용기에 넣어 15일

 재료
(13개 분량)
반죽 달걀흰자 100g, 설탕 75g, 꿀 20g, 무염버터 100g, 아몬드가루 100g, 카카오가루 20g, 박력분 20g
가나슈 다크 커버처 초콜릿 30g, 생크림 22g, 버터 3g
카카오닙스 25~30g

★사용하는 도구는 실리코마트 SF091 미디엄 링고토 10구입니다.

⇒ HOW TO MAKE ⇐

1 틀 가장자리에 카카오닙스를 뿌려주세요.

2 버터를 약불에 올려 녹여주세요.

3 버터가 갈색이 될 때까지 태워주세요.

4 온도가 더 이상 올라가지 않도록 얼음물 또는 찬물에 담가 식혀주세요.

5 실온에 둔 달걀흰자를 가볍게 풀어주세요.

6 설탕과 꿀을 넣고 섞어주세요.

7 하얗게 거품이 살짝 올라올 때까지 휘핑해주세요.

8 체에 친 아몬드가루, 카카오가루, 박력분을 넣고 거품기로 매끈하게 될 때까지 섞어주세요.

9 4의 태운 버터는 50℃ 정도로 식힌 후 한 번에 넣고 섞어주세요.

10 마지막의 버터 찌꺼기는 체로 걸러주세요.

11 오븐팬에 실리콘틀을 올린 후 짤주머니에 반죽을 담고 틀의 80% 정도까지 짜주세요.

12 바닥에 2~3회 쳐서 공기를 빼준 후 일반 오븐에서 175℃ 13~15분, 컨벡션 오븐에서 170℃ 12~13분 구워주세요.

13 틀에서 제거한 후 식혀주세요. 완전히 식으면 바닥 부분을 칼로 평평하게 다듬어주세요.

14 생크림을 전자레인지에 따뜻하게 데운 후 실온의 버터를 넣어 녹여주세요. 녹인 다크 커버처 초콜릿에 조금씩 넣으며 섞어주세요.

15 38~39℃까지(주르륵 흐를 정도) 식혀주세요.

16 짤주머니에 가나슈를 담아주세요.

17 홈에 가나슈를 짜주세요.

18 가나슈가 굳기 전에 금가루 또는 장식물을 올려주세요.

Tip
- 카카오닙스는 고르게 뿌려주는 게 구웠을 때 윗면이 더 예쁘게 나와요.
- 반죽은 80%보다 더 넣으면 잘라내는 부분이 많이 생겨요.
- 가나슈의 생크림과 버터는 같이 녹여 따뜻한 상태로 녹인 커버처 초콜릿에 조금씩 넣고 섞어 주어야 분리되지 않아요. 작은 거품기가 있다면 빠르게 저어주어도 좋아요.

캐러멜 헤이즐넛 브론디

캐러멜의 쌉싸름하고 달콤한 맛이 로스팅한 헤이즐넛의 고소한 맛과 어우러져 당 충전이 필요할 때
먹으면 딱 좋은 디저트입니다. 특히 진한 에스프레소 커피와 잘 어울립니다.

PREPARATION

오븐

일반 오븐 180℃ 13~14분
컨벡션 오븐 175℃ 12분

보관

실온 밀폐용기에 넣어 2일
냉장 밀폐용기에 넣어 4~5일
냉동 밀폐용기에 넣어 15일

재료

(13개 분량)
반죽 무염버터 110g, 황설탕 80g, 흰설탕 20g, 달걀 1개(54~55g), 박력분 110g, 헤이즐넛가루 20g,
베이킹파우더 1g, 소금 1꼬집
캐러멜 설탕 63g, 버터 16g, 소금 1꼬집, 생크림 68g
구운 헤이즐넛 적당량, 데코슈가 or 슈가파우더 적당량

⇾ HOW TO MAKE ⇽

1 헤이즐넛은 170℃에서 10분간 구워 식혀주세요. 20g은 갈
아주고 7개는 반으로 잘라주세요.

2 실온에 둔 버터를 부드럽게 풀어주세요.

3 황설탕과 흰설탕을 넣고 버터가 하얗게 될 때까지 섞어주
세요.

4 달걀은 2회에 나누어 뽀얗게 될 때까지 섞어주세요.

5 체에 친 박력분, 베이킹파우더, 소금을 섞고 헤이즐넛가루
는 따로 넣어주세요. 날가루가 보이지 않을 때까지 섞어
주세요.

6 틀에 철판 이형제나 버터를 발라주세요.

7 짤주머니에 반죽을 담고 30g씩 짜주세요.

8 일반 오븐에서 180℃ 13~14분, 컨벡션 오븐에서 175℃ 12
분 구워주세요.

9 냄비에 설탕을 담고 중불로 가열해주세요.

10 색이 진하게 나기 시작하면 버터와 소금을 넣어주세요.

11 주걱으로 골고루 섞어주세요.

12 약불로 줄이고 따뜻하게 데운 생크림을 넣고 주걱으로 저
어가며 끓여주세요.

13 약간 무겁게 주르륵 흐르는 정도가 되면 불에서 내려줍니다.

14 찬물이나 얼음물에 냄비째 올려 19~20℃까지 식혀주세요.

15 짤주머니에 캐러멜을 담고 끝을 조금 잘라줍니다.

16 지그재그로 짜주세요.

17 반으로 자른 헤이즐넛을 올려주세요.

18 데코슈가나 슈가파우더를 조금 뿌려주세요.

Tip
- 일반 헤이즐넛가루보다는 구워서 간 헤이즐넛가루를 쓰면 풍미가 훨씬 좋습니다.
- 헤이즐넛가루가 있으면 가루를 구워 사용하고 없으면 헤이즐넛을 구워 푸드프로세서로 갈아 사용하세요.
  입자가 굵더라도 따로 체로 쳐주지 않고 그대로 넣어도 됩니다.
- 캐러멜을 너무 많이 졸이면 바로 굳어버려 짤 수가 없고, 덜 졸이면 굳지 않습니다.
  위의 과정을 참고하여 적당히 졸여주세요.
- 반죽을 틀에 80% 정도 짜주거나, 틀을 저울에 올려 반죽을 짜주면 모양이 일정하게 나옵니다.